四川省省级科普经费资助

农业科普系列丛书

四川省科学技术协会
四川省农村专业技术协会 组织编写

科学种植

核 桃 KEXUE ZHONGZHI HETAO

肖千文 蒲光兰 / 编著
李代玺 张彦书 / 审稿

U0231770

四川科学技术出版社

·成都·

图书在版编目(CIP)数据

科学种植核桃/肖千文，蒲光兰编著.—成都:四川科学技术
出版社，2015.6(2018.11 重印)

(农业科普系列丛书)

ISBN 978 - 7 - 5364 - 8106 - 0

Ⅰ.①科…　Ⅱ.①肖…　②蒲…　Ⅲ.①核桃 - 果树园艺
Ⅳ.①S664.1

中国版本图书馆 CIP 数据核字(2015)第 130040 号

农业科普系列丛书

科学种植核桃

编　　著	肖千文　蒲光兰
出 品 人	钱丹凝
责任编辑	刘涌泉
封面设计	墨创文化
责任出版	欧晓春
出版发行	四川科学技术出版社

成都市槐树街 2 号　邮政编码 610031

官方微博:http://e.weibo.com/sckjcbs

官方微信公众号:sckjcbs

传真:028 - 87734039

成品尺寸	146mm×210mm
	印张 3　字数 60 千　插页 4
印　　刷	成都一千印务有限公司
版　　次	2015 年 8 月第一版
印　　次	2018 年 11 月第三次印刷
定　　价	15.00 元

ISBN 978 - 7 - 5364 - 8106 - 0

前　言

加快农村科学技术的普及推广是提高农民科学素养、推进社会主义新农村建设的一项重要任务。近年来，四川省农村科普工作虽然取得了一定的成效，但目前农村劳动力所具有的现代农业生产技能与生产实际的要求还不相适应。因此，培养"有文化、懂技术、会经营"的新型农民仍然是实现农业现代化，建设文明富裕新农村的一项重要的基础性工作。

为深入贯彻落实《全民科学素质行动计划纲要(2006—2010—2020年)》，切实配合农民科学素质提升行动，大力提高全省广大农民的科技文化素质，四川省科学技术协会和四川省农村专业技术协会组织编写了农业科普系列丛书。该系列丛书密切结合四川实际，紧紧围绕农村主导产业和特色产业选材，包含现代农村种植业、养殖业等方面内容。选编内容通俗易懂，可供农业技术推广机构、各类农村实用技术培训机构、各级农村专业技术协会及广大农村从业人员阅读使用。由于时间有限，书中难免有错漏之处，欢迎广大读者在使用中批评指正。

《农业科普系列丛书》编委会

目　录

第一章　核桃产业概况

一、核桃的栽培历史和现状

（一）核桃的起源

人们所说的"核桃"，是北方普通核桃和南方铁核桃（也称泡核桃）的总称。

晋代张华在《博物志》中载"此果出羌胡，汉时张骞使西域，始得种还，植秦中，渐及中土，故名之"，这是公元前122年的事。很多研究证明，当张骞历尽千辛万苦从西域带回核桃的时候，我国南、北早有大片核桃林了。

根据考古和碳14同位素树龄测定，我国南方发现古核桃林比张骞出使西域早1 000多年，南方至今尚有野生铁核桃林分布，四川各地每年从攀西地区调运大量铁核桃种子培育砧木。考古学家在河北武安磁山村原始社会遗址（新石器时代）出土的文物中发现了有炭化的核桃。由于核桃热值高，易保存，在古代作为军粮多有记载，不排除张骞将其作为干粮携带，到达目的地后无意播种而成树的可能。笔者也曾将保存2年的铁核桃坚果育苗，发芽率高达80%。

我国川滇地区属于地球上较早隆起的一块陆地，川滇古陆对世界陆生生物的演化具有重要影响。元谋人出现在距今约170万年前，而北京人出现年代仅为距今70万~20万年前。铁核桃属于我国特有种，分布于我国川滇地区。

在我国北方广泛分布的普通核桃，是否是铁核桃历经从南
到北的由量变积累而质变形成的，有待科技工作者深入
研究。

（二）核桃的分布与栽培范围

核桃的分布是指自然条件下的分布范围，栽培范围一
般指具有经济栽培意义的范围。在自然分布的边缘区，不
一定具有栽培价值。栽培范围一般小于分布范围。

核桃在全世界的分布范围主要集中在亚洲、北美洲和
欧洲。亚洲以中国、土耳其最多；美洲以美国最多，且集
中在西南的加利福尼亚州；欧洲以法国、意大利、罗马尼
亚栽培最多。全世界 30 多个核桃生产国中，产量位居前列
的是中国、美国及土耳其。

我国核桃栽培历史悠久，分布范围广。我国核桃主要
集中于以下三个地区：西北区，包括陕西、甘肃、青海、
新疆等省（自治区）；华北区，包括山西、河北、山东、北
京等省（市）；西南区，包括云南、贵州、四川、西藏等省
（自治区）。其他地区如东北、华中、华东、华南的部分山
区也有核桃分布。

我国主要的木本食用油料树种有 3 个，即油橄榄、油茶
和核桃。油橄榄生态区域最狭窄，油茶生态区域大于油橄
榄生态区域，核桃生态区域最大。

核桃在四川栽培历史悠久，分布范围广，是群众喜爱
的干果和木本油料。四川核桃老资源大多零星分布于山区
四旁，产品不具规模，果实容易保存，不少单株坚果大多
自用，商品率不高，加之坚果也具有良好的市场零售条件，

其产量很难准确测算，四川全省产量估计 6 万吨，其中凉山彝族自治州（以下简称"凉山州"，6.1 万平方千米）约占全省产量 40%，广元市（1.6 万平方千米）占全省产量 15% 左右，甘孜藏族自治州与阿坝藏族羌族自治州（以下简称"甘孜州""阿坝州"，23.8 万平方千米）共占全省产量 15% 左右，巴中市与雅安市（2.8 万平方千米）占全省产量 10% 左右，攀枝花、绵阳、乐山、宜宾、泸州等约占全省产量 15%，其余地市约占 5%。

　　核桃在四川自然分布极为广泛，除川西北高原外，几乎遍及省各地，但不同区域的分布形式不同，分布海拔不同。

　　在甘孜、阿坝两州，呈典型的沿江、河、沟、谷、路的"线形"分布，尽管甘孜、阿坝幅员占全省约 50%，但高原比重大，发展核桃的规划应充分考虑"绿色经济走廊形"和"村寨四旁团块形"。阿坝州核桃栽培主要在茂县、理县、小金、金川、马尔康、汶川、松潘、九寨沟等县，海拔上限 2 500 米以下。甘孜州核桃栽培主要在巴塘、德荣、乡城、稻城、泸定、丹巴、九龙、康定、雅江等南部县，西南部的分布海拔上限可达 3 400 米，但栽培的海拔上限应控制在 3 100 米以下。

　　凉山州幅员占全省 13% 左右，属云贵高原之一隅，气候属于干湿季节分明的季风气候类型，每年 5～10 月为雨季，上年 11 月至下年 4 月为旱季，这样的年气候周期与核桃的年发育节律十分匹配。本区属于我国铁核桃的重要产区，也是我省核桃的主产区，所辖 17 个县市都有核桃分布，其分布形式除有前述的"江河沟谷路线形"和"村寨四旁团块形"特征外，坡耕地也有大树零星分布，在盐源、木里等县，尚有成片野生铁核桃资源，因此，攀西地区将是四川核桃产业最具潜力的区域。核桃在该区域发展的海拔控制在 2 700 米以下。

秦巴山区是四川核桃主产区之一。发展海拔上限控制在 1 500 米左右。

雅安南部和甘孜东南部，海拔上限控制在 2 000 米左右为宜。在汉源县马烈乡三坪村，海拔 1 900~ 2 100 米，核桃生长发育基本正常。

盆周其余地区的海拔控制在 1 200 米以下。宜宾、泸州等长江沿岸地区，相对高度 200 米以内一般不规划核桃栽培。而在雷波回龙场至大岩洞一带，金沙江沿岸低谷地带也可种植核桃。盆中丘陵区各县发展核桃几无海拔的要求。

地形地貌和坡向对核桃海拔上限产生影响，迎风面分布海拔降低，背风面分布海拔抬升，如泥巴山、大巴山以北为迎风面，上限降低，以南为背风面，上限抬升；黄茅埂、二郎山以东属迎风面，以西属背风面，因此乐山马边、雅安天全的核桃栽培上限分别低于凉山美姑、甘孜泸定。

四川地势地貌复杂多样，地貌对光、温、水、气的二次分配十分明显，因此四川全省没有统一的海拔标准。

（三）核桃生产概况

我国是世界第一大核桃生产国。主要生产省份有：云南、四川、山西、甘肃、新疆和陕西等地。目前，我国核桃栽培面积在 2000 年约为 66.7 万公顷的基础上大幅增加，年产量从 2002 年的 34.02 万吨增加至 2004 年的 43.69 万吨，在国际市场上，2005 年对西班牙超市的调查，橄榄油 3.09 欧元/升，核桃坚果 3.9 欧元/公斤。地中海沿岸橄榄油年产量 270 万吨，全球核桃坚果年产量仅 100 多万吨。全球核桃总产量低，国际市场需求量大，导致国内核桃价格连续几十年上涨。

核桃是我国最具生态优势和资源优势的坚果品种之一。

核桃消费市场的稳定源于其营养价值和产量。我国核桃总产量占全球 1/3，居世界之首，但年人均消费仅 210 克，而德国、英国等国年人均消费核桃 500 克，约为我国的 2.4 倍。美国年人均消费 640 克，约为我国的 3 倍。

20 世纪 70 年代以前，我国核桃出口量约占世界核桃出口总量的 40% 以上，其他主要出口国为法国和意大利。进入 70 年代，美国核桃产量大增，成为核桃出口大国。中国核桃出口量下降，占世界核桃出口总量的 30% 左右。近年，我国核桃资源面积增加，栽培管理水平提高，核桃产量增长较快，到 21 世纪，我国核桃产量超过 30 万吨，超过美国再居世界第一。但因优劣混杂，优少劣多，出口量却下降到世界核桃出口总量的 20% 左右，且价格较美国核桃低 1/3，其主要原因是栽培采用实生苗木，坚果大小不一，壳的厚薄不等，优果率低，出口量仅占我国核桃总产量的 10% 左右。

国内核桃消费量不断增加，价格不断上涨，但价差很大。坚果壳厚度是造成巨大价差的主要因素。

核桃的良种培育是核桃产业建设的基础，良种问题在四川尤其迫切。

我国商品核桃产品主要由两个核桃树种生产，一是我国秦岭以北的北方核桃，另一个是我国泥巴山以南的铁（泡）核桃。

泡核桃种群的遗传多样性远大于北方核桃，这是得天独厚的育种资源优势。但如果不经严格筛选地栽培利用，就蕴藏着极大的生产风险，尤其在坚果壳厚度方面。这个群体内差异很大，有的不足 1 毫米（见彩图 1），有的超过 10 毫米（见彩图 2）。

二、核桃栽培注意三大风险

（一）生态风险

四川气候与北边陕西和南边云南都有显著差异。

四川地貌对光、温、水、气的二次分配现象十分突出。秦岭、二郎山、泥巴山、黄茅埂，是四川重要的地理气候分界线，山顶的两侧，气候与植被景观都发生明显变化。

特定的生态条件孕育出特定的植被类型以及树种。什么样的生态条件生长什么样的树木。反过来说，不同的树种适合的生态条件不一样，不同的生态条件应该选择不同的树种。不顾生态条件的差异，人为强行引种和栽培不同生态区的树种，生物"水土不服"的现象普遍存在。生理失调，轻则影响产量，重则最终死亡。生态不适的暴露有一个过程，前几年不太明显，5 年以后逐渐加重，有的要在 10 年以后才发现问题的严重性。

我们称呼的核桃，在分类学上是"属"的概念，并非同一个"种"。四川地处南、北两大核桃种群的过渡变异区，对照植物分类学划分指标，四川核桃既不是北方普通核桃 *Juglans regia*，也非南方铁核桃 *Juglans sigillata*。

四川发展核桃之所以一波三折，在于忽视生态差异，盲目引种北方核桃。四川核桃是在温暖、湿润、日照少的自然生态条件下演化产生的，既不同于北方普通核桃，也有别于南方铁核桃，在小叶数量、坚果壳面特征上，都有明显区别，这本身就是对引种的警示。

另外，生态风险还来源于立地条件的选择。用材树产品与核桃坚果来自于不同的生长发育类型，要求不同的生态环境和调控技术。

生态风险在四川尤为重要，四川是两大核桃种群的过渡地带，具有"假象"和"诱导"作用。四川引种南、北两个核桃种的初期，营养生长与本地核桃差异不明显，加之种植核桃的土地优于用材林和生态林用地，群众重视，投入较多，幼树生长旺盛，看似"自然适应性正常"。生物"生态不良反应"有积累和暴露的过程，例如，50 年前四川曾大量引种过新疆核桃，前 5 年的表现，尤其结果性能，比乡土晚实核桃结果早。前期可见落叶提前，也未深究。核桃采果后约 2 个月时间内的护理，对恢复产后树势、提高树体营养水平、壮实当年花芽、减轻下年落果有很大作用。落叶提前、生育期缩短，加之日照本身不足，积累减少，长势必然逐渐衰弱。当 5～8 年后，生理落果加剧，病虫害蔓延，直至死亡。四川群众对早实性很有兴趣，林学将开花结果视为树木重要的"世代更替"标志，这用于判断长周期的用材树"适生性"是可行的，但以此判断早实核桃

"适应性"为时尚早。

　　正是由于生态风险暴露历时较长,加强管理和病虫防治尚可获得产品,所以给种植者"希望",欲罢不能,艰难维持。但从长计算,成本增加,其产能浪费和经济损失很大,生态风险不可小视。

　　克服生态风险,最安全有效的措施是选择当地乡土优良单株,自采接穗,严格控制接穗质量,自育或委托育苗。

　　引种优良品种,必须经过长期、严格的科学程序,通过就近的同类生态区多年栽培检验。

　　(二) 良种风险

　　良种风险包括良种的区域适生风险和遗传质量风险。

　　任何树种都是在自身特定的生态条件下历经长期进化和自然选择保留下来的,自然选择始终将该环境下的"适生能力"作为最重要的选择点。

　　良种是人为对某树种优良性状的选择结果。"优良性状"因育种目标不同而不同,有的偏重产量,有的偏重质量,有的偏重某种抗性。

　　良种不仅有特定的生态区域,由于人为的选择与栽培,良种还要求特定的栽培环境和栽培技术措施配套。生态区域、栽培环境、经营技术,构成良种的三大基本属性。因此,良种的选择需要依据自身综合条件科学进行,适合自己的才是最好的。现实中,很多人选择良种都重视投产时间、产量、果实大小,并未首先评估造林环境、土地质量、经营条件和水平。

　　确定良种后,良种的遗传质量风险主要来自纯度。这也是生产上普遍面临的主要问题。四川核桃良种大多是各地天然选择而来，良种的生产应用必须采用无性繁殖。核桃嫁接难度大，繁殖系数低，要使优良单株形成规模化生产，需要较长时间，为保证良种纯度，需要先建立采穗圃。

下面介绍甄别良种的几种办法：

调查研究：要求苗商提供前期用户信息，实地了解种植效果，不盲目引种。如果苗商带领考察，需事先声明考察不交订金，并自选关键时间（较好的考察时间为9月）独立详细暗访。任何先交订金再考察的方式都得警惕。

正规单位：具备责任承担能力。

繁殖材料：考察采穗圃，全程监督或派人参与育苗全过程。良种采穗圃虽以采接穗为主，但也必然有部分不宜作接穗的短果枝，能够观察结果效果。

育苗基地：仔细观察枝、芽、叶，判断纯度。

生产示范园：考察与自己建园地生态类型一致或相近的示范园。

良种证明材料：甄别证明材料的真实性和有效性。

（三）苗木风险

核桃苗木的风险主要来自苗木价差导致的巨大暴利诱惑。

实生苗与嫁接苗成本差异大，核桃嫁接成活率的波动扩大了成本差。假冒伪劣苗木的商业暴利现象在核桃苗木上十分突出，制假的暴利十分诱人。制假售假代价成本太低，风险由种植户承担。另外，用户追求低成本为假冒伪劣苗木提供了市场，政府过去在种苗采购"低价中标"政

策上也有漏洞。

介绍几种苗木的生产成本：

劣质实生苗：厚壳铁核桃种子育苗，8 000 株/亩（1 亩=0.0667 公顷），生产成本 0.4 元/株，可以作为嫁接核桃的砧木，市场售价 0.8 元/株。如果冒充嫁接优质苗木，售价可达 15 元/株。

花刀苗：将苗木离地 10 厘米左右剪断，沿地面苗干两侧斜切，保留中间连接，塑料膜包扎，能见愈合口，成活率 100%，成本 0.5 元/株，只能用作核桃嫁接的砧木。前几年有人将此苗冒充嫁接苗，使不少种植户受骗。

头接尾苗：薄壳核桃播种，将苗木分段作接穗。苗木幼嫩，活性强，成活率可达 90%，出苗 7 000 株/亩，成本 1.2 元/株。虽经嫁接，这类苗木也属于实生苗，7~8 年能结果，后代变异大，品质分化，不整齐。如果厚壳铁核桃"头接尾"，与厚壳铁核桃实生苗本质相同。

混合苗：用北方早实核桃直播（早实比例可达 8%~22%）。为搪塞用户对开花结果纯度的要求，不少育苗户从北方调进廉价早实核桃接穗或直接营销北方核桃种苗。不结果的树木枝条多，接穗成本低，营养生长旺盛、嫁接成活率可达 80% 左右，4 000~5 000 株/亩，生产成本 3 元左右，售价 5~15 元/株。苗圃苗木及种植 1 年左右的幼树，都可见植株开花结果，3~4 年最高株产果也可达百个。这类苗木的欺骗性强，陷阱多。不仅品种混杂，无法保证遗传品质，而且最严重的问题是生态风险。

良种苗：任何良种必须嫁接（无性繁殖）。良种苗成本，主要取决于接穗成本、嫁接成活率及纯度。

造成上述苗木价差的主要因素有以下几个方面：

接穗：因优良性能差异、接穗的稀缺程度而定，售价0.5～2.0元/芽。

成活率：嫁接成活率与营养生长成正比，与发育度成反比。发育优良对种植户有利，但育苗嫁接成活率低，平均出苗比例1/3。

纯度：有的苗商营销策略是混入实生苗，降低纯度，降低单价，极力推荐高密度栽植，以销量保证总利润，加大每亩造林苗木成本，转嫁种植风险。

按纯度100%计算，良种苗木成本7～25元/株，售价10～30元/株。

保证苗木质量的几点建议：

购苗模式：调查研究、委托育苗、定点购苗，听取前期种植户的意见。

遗传质量：重点调研花芽比例，结合叶形、小叶数量、顶小叶与侧叶相对大小、苗干颜色等的一致性，判断质量与苗木纯度。

建园质量：根系好，细根多。

发展果树也受行业的影响。核桃属于林业，林业种苗投入远比果树种苗低，养成"量大价低"的低价心理和思维习惯。果树重良种，果实售价即为苗木售价，这在林业上很难接受。林业用超级苗造林、高密度种植、多次间伐选优，形成一套适合用材林的理论、技术及规划、设计、验收的规程，但是用于果树栽培则有误区。

第二章　核桃的生物学特性

一、核桃的形态特征

核桃属于被子植物门双子叶植物纲胡桃科核桃属，是高大落叶乔木。树干灰白色，表面有纵向裂纹，小枝比较光滑；叶为单数羽毛状复叶，复叶互生，复叶中的小叶为对生，叶子形状为椭圆形，叶边缘有的光滑，有的有锯齿；花为单性花，雌雄同株，即一棵树既有雄花又有雌花；果实扁圆球形，外果皮肉质光滑，内果皮木质化，比较硬，表面褶皱不平，缝合线明显，种仁有 2 片肥大的子叶（主要食用部分），生长点位于子叶连接点（果尖），向下生根，向上发芽。

枝条：核桃的枝条分为营养枝、结果枝和雄花枝三种。

营养枝（见彩图 3）：长有叶片，不能开花结果。营养枝可分为发育枝和徒长枝。徒长枝会消耗大量养分，影响树体的正常生长和结果，故生产中应加以调控。徒长枝生长快，有外延空间的地方，可培育为骨干枝，用于树形的培养；在有内膛空间的地方，可通过扭枝、压枝、别枝、摘心等，将其培育成结果枝。发育枝充实、圆满，用作接穗的嫁接成活率高；徒长枝节间长，髓心大，表皮有皱纹。

结果枝（见彩图 4）：由结果母枝上的混合芽抽发而成，该枝顶部长有雌花序。结果枝按照长度可分为长果枝、中果枝和短果枝。

核桃枝条一年中一般可有两次生长，在春季抽发的枝条称为春梢，是下年重要的结果枝。在秋季抽发的枝条称为秋梢。

芽：核桃的芽分为混合芽、叶芽、雄花芽和潜伏芽四大类。

混合芽（见彩图5）：萌发后长出枝和叶，并在顶端形成雌花序（见彩图6）。芽体肥大，近圆形，鳞片紧紧包裹。

叶芽（见彩图7）：萌发后只抽生枝和叶，主要长在营养枝顶端及叶腋间或结果枝混合芽以下，单生或与雄花叠生。

雄花芽（见彩图8）：萌发后形成雄花序（见彩图9），多长在一年生枝条的中部或中下部，数量不等，单生或叠生，形状为圆锥形的为裸芽，即外面没有鳞片包裹。

潜伏芽（休眠芽）：属于叶芽的一种，在正常情况下不萌发，受到外界刺激后才萌发，成为树体更新和复壮的后备枝，主要生长在枝条的基部和下部。

核桃树的各类芽的着生排列方式甚多，可单生或叠生，有雌芽或叶芽单生；雌、叶芽叠生；雄、雌芽叠生；叶、雄芽叠生；叶、叶芽叠生；雄、雄芽叠生等排列方式。叠生的双芽，着生在前者为副芽，后者为主芽。

花：核桃一般为雌雄同株异花，即一棵树上既有雄花又有雌花。雄花和雌花的花期大多不一致，雄花先开的称为雄先型，雌花先开的称为雌先型，以上两种情况都称为雌雄异熟型；有少数雄花和雌花一起开的，称为雌雄同熟型。根据观察，单独的雌、雄花开花时间最长可相差5~8天，但就一棵树上的雄花和雌花而言，有花期重叠现象。在雌、雄花期不能重叠的情况下，栽培时要考虑授粉问题，应该有两个以上的品种搭配，这样结果才多。核桃为风媒花，即花粉是靠风传播的，虽然最远可随大风飘扬达1 000米，但空中花粉密度太小，一般情况下，授粉距离在100米以内为宜，超过300米的，难于授粉。

果实：核桃果实生长发育大体可分为四个时期：

果实速长时期：一般在5月初到6月初，为30~35天，是果实生长最快的时期。这段时期果实的体积和重量迅速增加，体积达到成熟时的90%以上，重量达到70%以上，随着果实的迅速增长，核桃壳逐渐形成，但还比较嫩。

果壳硬化时期：6月初到7月初，约35天，坚果核壳自果顶向基部逐渐变硬，种仁由浆状物变成嫩白的核桃仁，营养物质迅速积累，果实基本定型。

油脂迅速转化时期：7月初到8月下旬，为50~55天，为坚果脂肪含量迅速增加期。同时，核仁不断充实，重量迅速增加，核桃仁含水率下降，含油率上升，核桃风味由甜变香。

果实成熟时期：8月下旬至9月下旬，果实各部分已达该品种应有的成分，坚果重量略有增加，青果皮由绿变黄，有的出现裂口，坚果容易剥出时，表明核桃果实已达到充分成熟。

二、核桃的生命周期

核桃树寿命长，百年老树仍能结果。根据树体的发育特点，可将其划分为四个时期：

生长期：从苗木定植到开花结果之前这段时期称为生长期。不同品种的生长期不同，晚实核桃一般 6~8 年，早实核桃 1~2 年，这一时期是积累营养物质的重要时期。

生长结果期：从开花结果到大量结果以前的这段时期称为生长结果期，大概 10~20 年，这段时期结果量增多，树体稳定。

盛果期：盛果期主要特征是果实产量逐年达到高峰，并持续稳定，一般 20~25 年进入盛果期，这段时期是核桃树产生经济效益最大的时期。

衰老更新期：这一时期的特点是果实产量明显下降，骨干枝开始枯死，基部发出更新枝，这表明进入了衰老更新期，一般 80~100 年开始。这段时期树势明显下降，产量递减，但可以通过采取老树复壮措施提高产量。

第三章　核桃种类与品种

种也叫物种，是分类系统中最基本的单位。

品种是在一定的生态和经济条件下，经自然或人工选择形成具有相对的遗传稳定性和生物学及经济学一致性，且人类需要的性状的栽培植物群体。

优良品种是指同一物种的不同品种经一定时间和区域试验对比，种植表现具有明显优势的品种。

一、核桃分类

核桃分类有栽培学分类和植物学分类。

种植者一般比较重视栽培学的分类，这有助于了解品种的形质指标和经济性状。

在核桃栽培方面，核桃的分类体系为：种群—类群—品种群—品种。

种群：分为两大种群。

（1）北方种群，即普通核桃（核桃）种群。

（2）南方种群，即铁核桃（泡核桃、茶核桃、云南核桃）种群。

类群：核桃种群以下按实生苗造林后的结果早晚分为早实（2～3年结果）类群和晚实（7年左右结果）类群。

铁核桃因为都是晚实核桃，故不分类群，直接按壳的厚薄分品种群。

品种群：按坚果壳的厚薄分为纸皮（≤1.0毫米），薄壳（1.1～1.5毫米），中壳（1.6～2.0毫米），厚壳（≥2.1毫米）。

品种：由于核桃品种繁多，在此不一一赘述。

植物学分类有助于从理论上了解树木的形态特征和生态需求。生态适应性是栽培必须考虑的因素之一。

植物的形态是遗传和生态共同作用的结果。任何树种都有分布的中心和边缘区域，任何品种都有适宜或不适宜的栽培区域，通常分为主产区、一般产区、边缘产区。

任何树种的形态特征都是在特定生态条件下演化、固化而成的，形态学的差异背后一定有值得深思的差异原因，因此，要特别警觉形态差异背后是否存在不可逾越的生态障碍。不少人前往北方考察核桃，相信"眼见为实"，误以为将树种引入南方后即可万事大吉，实际上品种的引入非常简单，但生态的引进却很难甚至不可能。

秦岭—淮河一线是我国南北气候分界线，而四川是北方气候演变为云贵高原季风气候的过渡区。地势地貌对气候因子具有二次分配的作用。四川有如下几条值得注意的气候分界线，一是南北方向的秦岭和泥巴山；二是东西方向的黄茅埂和二郎山，两侧气候差异十分明显。

我国两大核桃种群交界地带的四川核桃，遗传变异巨大。

四十多年来，四川一直在良种问题上徘徊。长期生存于干旱、光照充足地区的北方核桃，引种到四川后，落花落果严重，长势逐渐衰弱，抗病力下降。云南核桃引种到温暖、湿润的四川后，树势旺盛，生殖生长受到抑制，七八年不结果。

四川发展核桃产业，虽然用于研究的育种资源丰富，但良莠不齐的遗传材料却不利于生产利用。四川核桃资源中，既有非常优良的单株，也有非常劣质的个体，不加选择地育苗建园，栽培风险极大。

二、四川核桃品种

四川核桃资源分布广。

在大渡河以北的区域，广元、阿坝、巴中、达州、广安、绵阳、德阳、盆中丘陵区及川南片区，核桃品质虽然不纯，不是最好，变异也不算太大，但生态适应能力强，可以使用。

在大渡河以南的区域，如雅安南部、甘孜南部、凉山州、攀枝花市，核桃品质差异极大，经选择后，利用潜力大，不加选择利用，风险很大。退耕还林中栽植的大量厚壳野生铁核桃，便是来源于攀西地区，包括云南。

由于嫁接成活率低，嫁接苗与实生苗成本相差5~8倍。丰产树枝条少、接穗少、接穗嫁接质量差；不结果的树枝条却很多、嫁接质量好，育苗与种树的利益相悖。很多种植户良种意识淡薄，不能区分嫁接苗与实生苗，片面追求低价，加之政府在种苗上也实行"低价中标"，劣质低价苗大行其道，高成本的良种苗木寸步难行。

历经40多年反复失败，人们逐渐认识到本区生态的特殊性，开始把重点转移到乡土优良核桃品种开发方面。但由于将优良单株材料扩繁以满足规模化育苗，需要漫长的时间，而项目的实施期限很短，故为了完成任务，人们仍不得不大量引进北方核桃。

四川省从 2002 年开展核桃良种审（认）定工作以来，至 2012 年，全省共有 58 个核桃品种通过省级审定或认定。目前，在有效期内的核桃良种共有 46 个（审定 5 个、认定 39 个），其中人工杂交良种 5 个，自然选育良种 41 个。

四川农业大学于 2001 年开展核桃杂交育种，截至 2012 年，培育出适合四川及重庆温暖、湿润、少日照生态区的杂交早实核桃"川早"系列良种 5 个，在四川、重庆 30 余个区县试种推广，普遍半年试花，1 年试果，2～3 年投产，适应能力优于北方核桃。

（一）川早 1 号

。该品种于 2008 年通过四川省良种认定，是四川第一个木本杂交良种；2009 年被列为国家农业科技成果转化项目；2014 年通过国家良种审定，该品种也是四川第一个国家级林木良种。

1 年试花，2 年结果，5 年最高亩产 175 千克。坚果平均单果重 12 克，壳厚 0.9 毫米，可取整仁，出仁率 51.00%，仁黄白色。壳面刻沟浅，较光滑（见彩图 10）。成熟期 8 月下旬至 9 月上旬，随海拔不同略有差异。

较耐干旱，对炭疽病、黑腐病有一定抗性。湿度大、日照少的郁闭度较高的林分内可见有介壳虫类。

（二）川早 2 号

2010 年通过四川省良种认定。

1 年试花，2 年结果，5 年最高亩产 156 千克。坚果椭

圆形，光滑美观，平均单果重 12.1 克，壳厚 0.8 毫米。几
无内隔壁，取仁极易，可取整仁，出仁率 61.00%。核仁较
充实、饱满、白色、味香。商品外观好（见彩图 11）。

较耐干旱，对炭疽病、黑腐病有较强抗性。落花落果
轻微，稳果性能好。

（三）川早 3 号

2011 年通过四川省良种认定，坚果外观光滑美观（见
彩图 12）。

特点是抗倒春寒能力强，有望提高核桃栽培的海拔上
限。其余特性与川早 2 号相近。

（四）蜀玲

2008 年通过四川省良种认定。

1 年试花，2 年结果，3 年树冠投影面积产量达
89 克/米^2，亩产 24 千克。平均单果重 8.9 克，壳厚 0.7 毫
米，可取整仁，出仁率 58.80% ~ 61.86%。核仁充实、饱
满、黄白色、味香（见彩图 13）。

较耐干旱，较抗炭疽病、黑腐病。

（五）双早

2010 年通过四川省良种认定。

特点是结果早、成熟早，故名"双早"。1 年试花，2
年结果，4 年树冠投影面积产量最高达 400 克/米^2，亩产 67
千克。坚果近圆形，平均单果重 11.3 克，壳厚 0.69 毫米，
核仁黄白色，出仁率 55.00%（见彩图 14）。

耐干旱，有轻微炭疽病和黑腐病发生。在日照不充足
的地方，有轻微的生理落果现象。

第四章　核桃嫁接育苗

嫁接是果树生产上很常见的育苗方式。我国已经有几百年的核桃嫁接历史，在生产中创造出了多种多样的嫁接方法。但在实际生产中，核桃嫁接失败的现象并不少见。近十年来，四川核桃嫁接技术有了突破性进展。十年前的大规模嫁接成活率一般为50%左右，最低不足万分之一。现在，即使在多雨的气候条件下，常规嫁接成活率仍可达70%左右；在气候、接穗质量、砧木质量、嫁接技术最佳组合的条件下，可达90%（如图4-1）。

过去生产上之所以采用种子繁殖核桃苗，嫁接困难、育苗成本高是其重要原因。按现在的核桃坚果价格计算，培育1株核桃实生苗的成本大约为0.5元，如果培育品质优良的嫁接

图4-1　核桃嫁接苗

苗，加上嫁接用工用料和2年的土地使用与管理，每株单价为实生苗的4~5倍，如果嫁接成活率低，其单价还将成倍上涨。培育核桃嫁接苗风险大，这是过去种植户嫁接核桃

苗没有积极性的主要原因之一。但从栽培效益核算，仅仅提前几年结果的效益就远超过苗木成本。不同品质的商品核桃价格相差极大。因此，核桃嫁接苗培育势在必行。

一、嫁接基础知识

嫁接就是人们有目的地将一株植物上的枝或芽，接到另一株植物的茎或根等适当部位上，使之愈合组成一个新的植株。这个枝或芽叫做接穗（俗称码子），承受接穗的植株叫砧木（俗称母子、台木、脚树）。嫁接用符号"＋"表示，即"砧木＋接穗"；也可用"／"来表示，但它和用"＋"表示相反，一般接穗放在"／"之前，如"核桃/黑核桃"，或"黑核桃＋核桃"。由于嫁接苗是由砧、穗两个部分组成的共生体，二者各有其不同的遗传基础和年龄阶段，故嫁接苗的性状既不同于砧木，也不完全同于接穗，而是随砧、穗的组合不同而有差异。

嫁接苗没有完整的个体发育年龄时期，从砧木讲，一般采用的是一二年生幼树，而接穗则要求取自性状稳定的成年树上的枝、芽等器官。这些器官已达到了性成熟期，已有结果的基础，是继续发育的母体。因此，嫁接苗具有以下特点：

优点：①能保持接穗品种的优良性状；②能提早结果增加早期产量，嫁接后只要营养充足，营养面积达到一定水平，便可结果；③能增强果树对气候、土壤的适应性和抗逆性；④能调节和恢复树势，更换品种，改造低产园；⑤繁殖数量快（因一芽一株），能尽快发展良种。

缺点：①嫁接苗的生活力不如实生苗；②寿命较实生

苗短；③繁殖方法较实生苗麻烦。

（一）嫁接的愈合过程

1. 隔离层的形成

嫁接时，砧木和接穗接触面上的破碎细胞与空气接触，其残壁和内含物即被氧化，原生质遭到破坏，产生凝聚现象，形成隔离层。这是伤口部分表面上的一层褐色的坏死组织。

隔离层有防止水分蒸发，保护伤口不受有害物质侵入的作用。但隔离层如果太宽、太厚就会影响愈合，降低成活率。因此在嫁接时削面一定要平滑，操作速度要快，嫁接后要捆缚紧，使砧木和接穗之间的空隙尽可能小，以提高成活率。

2. 愈伤组织的产生和结合

嫁接时，砧、穗二者创伤面的隔离层形成后，砧、穗二者创伤面形成层彼此接触，在愈伤激素的作用下，伤口周围的细胞，特别是新形成的薄壁细胞迅速生长和分裂，布满砧、穗创伤面的空隙进而消除伤口表面的褐色隔离层，使砧、穗紧密相连形成愈伤组织，产生胞间连丝，加强砧、穗各细胞间的联系。愈伤组织再进一步分化向内分生并形成新的木质部，向外分化形成新的韧皮部，连通砧、穗之间的导管和筛管，建立新的输导组织，使砧、穗间的水分和营养物质得以通过；同时愈伤组织外部的细胞也分化形成新的栓皮细胞，与二者栓皮细胞相连，这时两者才真正愈合成一个新的植株。因此，砧木和接穗的愈伤组织发展得越快，二者连接得越早，对接穗水分、养分的供应就越

早，嫁接成活的可能性就越大。

形成层是愈伤组织形成最多的部位，如果砧木和接穗的形成层配合得足够好，它们产生的愈伤组织就可以很快连接，并加速新形成层的形成。实际上要达到砧木与接穗二者形成层完全配合是较难的。只要二者形成层部分能紧密接触，使它们产生的薄壁细胞连接起来即可。但配合不好的形成层会推迟接口的愈合，如配合很不好就不能愈合。

（二）影响核桃嫁接成活的因素

影响成活的因素很多。主要是砧木和接穗的亲和力、砧木与接穗的质量、嫁接时的环境条件、嫁接技术等。

1. 亲和力

所谓亲和力，就是砧木和接穗通过嫁接而愈合生长的能力。亲和力是嫁接成功的最基本条件。不管什么样的植物，不论用哪一种嫁接方法，不管在什么样的条件下，砧木和接穗间必须具备一定的亲和力才能嫁接成活。亲和力的大小，决定于砧、穗间在解剖结构、生理特性以及新陈代谢方式及其代谢产物等方面的差异程度及影响。这种差异是植物在系统发育过程中长期适应和同化外界条件而形成的。差异越大，亲和力越低，嫁接成活的可能性越小。亲和力只是一个相对的指标，在完全亲和与完全不亲和之间存在着一系列过渡类型。

就不亲和的外部表现来看，有完全不能愈合的；有勉强愈合，但极不牢固的；有虽然愈合但接芽不能萌发或萌发后生长很差的，有的即使长出枝条，1~2年后也将死亡。此外不亲和还表现在生长发育不正常方面，如砧、穗之间上下粗细不一致；树体早衰，树体矮化因而早期形成大量花芽；果实生长不正常及产生生理病害；叶片早期脱落或变色，生长缓慢；树叶簇生；易发生根蘖等。尤其严重的后期不亲和，接后几年甚至几十年才表现出严重不亲和现象。

不亲和的内因大致有如下几个方面：

（1）遗传特性的差异。即亲和力与植物间亲缘关系远近有关。一般亲缘关系越近，亲和力越强，同品种或同种间的亲和力最强，如核桃接核桃、铁核桃接铁核桃，这在嫁接上称"共砧"。同属异种间，亲和力因植物种类而异，多年实践证明，用铁核桃砧木嫁接核桃，亲和力良好。

目前国外把黑核桃和心形核桃作为核桃的矮化砧。黑核桃原产美国，生长迅速，高大挺拔，原主要用于生产珍贵木材（最高达600元/米^3）和果壳粉，也兼产部分坚果。黑核桃一般实生树出仁率20%左右，优良品种出仁率可高达35%~38%。黑核桃用作核桃的矮化砧有极重要的生产实践意义，同为10年生树，能节省空间近40%；同为8年生树，黑核桃作矮化砧单株产果12.3千克，而对照株产果3千克。

（2）植物间的营养和生长习性差异。营养和生长习性差异过大，导致嫁接一方所吸收、同化或异化的物质不能满足对方的需要或根本为另一方所拒绝。也就是说不同植物发育过程对外界条件的选择限制了嫁接亲和力。这方面的研究很多。例如，解剖学特点、生长势、水分是否容易通过接合部、营养是否容易受阻、贮藏养分的不同等等。

对这些因子有肯定的，也有否定的，众口不一。但可以作为一个方面进行了解。

南方分布普遍的野核桃砧木开发的问题值得研究。由于野核桃属于小乔木，其生长与核桃的差别很大，如果作为砧木使用，尽管前期能愈合生长，但后期生长速度的差异必将出现"牛腿"现象，上大下小，无力支撑高大的核桃树体。

（3）生理生化上的差异。渗透压高的砧木接上渗透压低的接穗不产生生理反常现象，反之就会引起生理障碍。有毒物质的产生导致嫁接不亲和。木质素的浓度也有影响。亲和嫁接的接合线上细胞壁内木质素浓度与非接合部细胞壁中木质素浓度一样高。在不亲和组织中，砧、穗相接的细胞壁中没有木质素，两者细胞或未连接或仅由纤维连接着。本木质素在砧、穗间如果不能沟通，在砧、穗间便有一个共有的胞间层，成为脆弱的接合部。

有关核桃这方面的研究不多。生产上在选择核桃砧木的时候，应该用多年实践证明良好的嫁接组合。对于新的嫁接组合，需要经过试验确认后再采用。

2. 砧木与接穗的质量

质量既包括二者体内的营养状况，也包括二者体内的水分状况。

形成愈伤组织需要一定的能量和养分，所以植株生长健壮，营养器官发育充实，体内贮存的营养物质多，嫁接也就易于成活。因此要选适合当地条件、生长健壮、发育良好的植株作砧木，接穗也要从健壮的母树外围选发育充实的枝条。如果砧、穗任何一方组织不充实、不健全、不新鲜，就会影响形成层的活力，供应愈合新生细胞的营养就差，因而必然降低嫁接的成活率。

3. 环境条件

（1）温度。温度对愈伤组织的发育有显著影响。一般而言在 5～32℃ 的条件下，愈合组织的增生随温度的增高而加快。树种不同，最适温度也不同。核桃以 29℃ 左右最适宜愈合组织的形成。为此，核桃苗木的春季嫁接，主要考虑提高嫁接时的环境温度。生产上，室外嫁接首先顺应自然，选择温度升高的时间阶段作业。其次是升温和保温设施，一般是搭建塑料棚。

夏季高接换种时，主要考虑防止环境高温的危害。美国加利福尼亚州 5 月份温度很高，高接核桃时，将接合部全部涂白可以促进愈合。因涂白后反射掉部分日光的辐射能，使树皮温度降低。

（2）湿度。湿度对嫁接愈合起着至关重要的作用。因为不管是具有分生能力的薄壁细胞还是愈伤组织的薄壁细胞，以及愈伤组织的增殖都需要一定的湿度条件。另外，接穗也只有在较高的湿度下才能保持生活力。所以不能保持适宜的湿度往往是核桃嫁接失败的主要原因之一。

研究湿度对嫁接愈合的影响时发现，愈伤组织内的薄壁细胞的细胞壁薄而柔嫩，不耐干燥，如果在干燥的空气中暴露时间较长，很快就会死亡。空气湿度在饱和点以下阻碍愈伤组织的形成，湿度越低，细胞干燥越快。实际上在愈伤组织上保持一层水膜对大量形成愈伤组织比饱和的空气湿度还要好。

（3）光照。光照对嫁接愈合影响很大。在黑暗条件下，嫁接削面上长出的愈伤组织多，呈乳白色，很嫩，砧木接穗易于愈合。在光照条件下，抑制愈伤组织的发育，愈伤组织少而硬，呈浅绿色，不易愈合，要依靠接口内不透光部分的愈伤组织，因而使成活的机会和速度受到影响。因此，削面是否平整及缠绕是否结合严密，对核桃嫁接成活影响很大。

（4）嫁接技术。嫁接技术主要指，一是嫁接是否熟练，速度快，切面在空气中暴露时间短，单宁氧化轻；二是砧木和接穗的形成层是否对准，结合面是否平整，缠绕松紧适度，砧木和接穗结合严密而牢固。总之，一句话，嫁接时下刀要快，削面要平，操作速度要快，砧、穗形成层对准，绑扎要严。

（三）核桃的嫁接性能

不同树种嫁接难易程度差别很大，核桃是所有经济树种中大家公认的最难嫁接的树种之一。核桃嫁接困难主要是由核桃自身特点造成的。只要熟悉了核桃的基本特点，找到嫁接技术措施的最佳组合，就会发现提高核桃嫁接成活率也不难。

从嫁接角度看，核桃嫁接困难的主要原因有三个：

1. 单宁含量

单宁含量对嫁接愈合成活有影响。核桃、板栗、柿树的单宁含量比较高，因此划归为难嫁接树种。

单宁在空气中很快氧化形成隔膜，不利于愈合而影响成活。单宁含量高的树种，切开后削面很快氧化变色。解决单宁造成的不良影响的方法有：一是在确保接穗水分的条件下适当低温储藏，将可溶性的单宁转化；二是适当流水洗脱，可以轻微减少单宁含量；三是提高嫁接速度，减少削面在空气中暴露的时间；四是削面平整，密封好，空气少。

2. 伤流特性

具有伤流特性的树种，其嫁接难度也大。核桃不仅单宁含量高，而且伤流现象突出。在生产上，目前的主要措施是尽量避开伤流严重期。伤流是生理上的反应，树木生理是一个动态过程。随着季节气候的变化，核桃外观生长发育方面出现不同的物候表现，内部生理也发生变化。在一年中，核桃的伤流是不同的。萌芽展叶期是核桃全年伤流最低的时期，对于嫁接而言，萌芽了再嫁接虽然从伤流角度看是最好时期，但萌发会造成严重的失水而对成活不利。在生产上，主要是根据萌发时间适当提前 3 周左右嫁接，让接穗和砧木初步愈合才进入萌动期。

伤流的有无和大小因树种而异，但同一树种伤流的多少与细胞膨压大小有关。一切能降低细胞膨压的技术措施都有利于提高核桃嫁接成活率。

3. 形态解剖

造成核桃嫁接困难的主要原因还有其特定的形态解剖结构问题。核桃髓心大（空），皮薄，这种结构极易失水。可以说，这也是影响核桃嫁接成活率需要解决的主要问题。

在生产上，当前主要是通过对接穗的各种保水措施，防止接穗失水，从而提高核桃苗木的嫁接成活率。常用方法有：一是选择枝条充实，枝条表面角质化程度高，髓心小的接穗；二是就近采集接穗，马上嫁接，全穗包扎，防止失水；三是蜡封接穗，减少失水。

二、核桃嫁接

通过以上嫁接基础知识和对核桃嫁接特性的了解，有利于把握住核桃嫁接的几个关键技术环节。

（一）砧木

砧木的培育：四川核桃常用的砧木有以下几种：①野生厚壳铁核桃；②商品铁核桃；③共砧（即用普通核桃中食用价值不大的厚壳核桃或品质较差的栽培核桃）。

1. 播种方法

（1）随采随播：秋季采集充分成熟带青皮的果实随采随播。此种方法不除去核桃壳外的青皮，方法简便，因青皮苦涩可避免鸟兽危害，青皮在土中腐烂还可供作幼苗生长的养分，但外地采种带青皮的果实不便运输。

（2）冬前播种：于秋末冬初之际，将除去青皮的种子播在苗床上，让种子在露地越冬，吸水膨胀完成休眠，来春萌芽出土。这种方法省去了种子沙藏和催芽，且春季萌芽早，在无鼠害的地方可以采用，但应注意冬季土壤的干湿度管理，以免种子霉烂。

（3）春播：将干藏的种子于春播前用冷水浸泡，每天换水一次，浸泡5~7天，或用10%的石灰水浸泡，浸种后捞出暴晒几小时，待种皮裂口后即可播种，也可进行催芽处理，选伸出胚根的种子分期播种。

播种方法以条沟为宜，条沟行距30～40厘米，株距12～15厘米，一般播后种子覆盖厚度5厘米左右。

嫁接时以选择1～3年生，嫁接处直径不小于2厘米的苗木作砧木进行嫁接最好。

降低砧木细胞膨压，有利于减轻苗木伤流。细胞膨压与水分有密切关系。

2. 技术措施

具体技术措施有：减少土壤水分供应，通过嫁接时的划伤，对砧木"放水"等。

（1）秋冬控制水分。除了特别干旱的地方，如季风气候的攀西、甘孜南部地区，其他地区不再灌溉。

（2）早春土壤适度干燥。临近嫁接前，湿润地方需要对苗床掏挖排水沟，使苗床适当干燥。

（3）砧木"放水"。在四川盆地及其盆周的湿度大的地方，嫁接时在嫁接的下方刻割1～2刀。干旱区没此必要。

（二）接穗

1. 接穗选择

从母本园或生产园中选择已结果3～5年，经过认定的优良母本树上选择剪取树冠外围充实圆满、健壮、髓心小、腋芽饱满、粗度1～2厘米的发育枝条作接穗。徒长枝、细弱枝均不能作接穗。

2. 枝条保湿

保持枝条水分含量对嫁接成活非常重要。剪取的枝条切忌暴晒。准备枝条采集袋，如果大气干旱、野外耽搁时间长，需要袋内填充湿润物。剪取的枝条当晚即可剪截接穗并蜡封。大规模采集接穗时，切忌长时间堆晒。接穗长度以方便嫁接切削为准。注意选择饱满芽作接芽。壮芽发壮枝，弱芽萌弱枝。接穗蜡封后具有很好的保湿效果，对于提高嫁接成活率影响很大。单纯用石蜡封条，在温度产生较大变化时，由于热胀冷缩，容易产生裂口，降低保湿效果。因此，为了防止蜡封后裂开，需要根据具体情况掺入一定比例的"黄蜡"（15%～30%）。

熬蜡的温度对蜡封效果具有重大影响。从保证接穗不被烫伤的角度看，温度越低越好。从蜡封效果来看，温度高的蜡液化程度高，蜡封层薄，枝条耗蜡少，蜡封成本低。温度过低，蜡封层厚，不仅浪费蜡，关键是过厚的蜡层容易开裂，而且容易脱落，从而完全失去蜡封的作用。

最佳的熬制温度为95～105℃。枝条烫伤与温度高低、高温时间密切相关。因此要求蘸蜡时的速度要快，控制在0.1秒左右。如果蜡封操作技术熟练，动作快，蜡液的温度可以达到110℃。蜡液中需要放置温度表，密切观察温度变化。

在没有温度表的条件下，可以通过经验作出判断。首先观察蜡液的冒烟情况，出现少量冒烟即可蜡封一枝，检查蜡封效果。如果蜡层白色，明显观察出蜡层，说明温度不够。最佳的蜡封效果是，看不出蜡层，能感觉出油亮色，手感光滑，用手指能刮出蜡。如果蜡液冒浓烟，说明温度过高，必须关火降温，否则，蜡液达到燃点会发生火灾。万一燃火，切忌泼水，应该立即用事先准备好的锅盖盖上，用湿布捂住。因此蜡封地点不能在容易燃烧的地方进行，也不能有易燃易爆品在附近，并事先准备灭火用品。

（三）嫁接时间

嫁接时间过早，大气温度低，长时间不能愈合，结合部位坏死，不能成活。春季枝接太晚，气温升温快，愈合组织尚未形成，接穗与砧木细胞尚未沟通时，枝叶即萌发，会造成接穗大量失水而枯死，这就是一些地方常见的"假活"现象。因此，核桃的嫁接时间枝接应该春分前后，芽接5~8月为宜。

嫁接的时间，不同地方不一样，同一地方不同年份也可能出现变化，因此需要了解中长期的天气预报。"雨水"节气开始，观察当年温度对物候的影响。四川盆地及盆周地区，核桃常年嫁接时间在"雨水"季节以后。如果有保温设施，可以适当提前。核桃砧木冬季伤流比较严重，氧化褐变速度快。可以剪截砧木的苗干，观察伤流和切口褐变情况，判断当地的嫁接时间，以切口较长时间能保持新鲜而没有褐变现象为宜。

（四）嫁接方法

（1）切接：由于核桃要求适当早接，这时候树液刚开始流动，但还没完全离皮，因此核桃春节嫁接比较适宜的方法是切接（如图4-2）。

图4-2　切接

（2）插皮接：接触面大，有利于愈合，提高成活率。要求砧木较粗，芽、叶萌动，砧木离皮种（如图4-3）。用于大砧嫁接，常用于高接换。

（3）插皮舌接：接触面积宽，利于愈合。要求砧木与接穗都离皮（如图4-4）。我国北方采用加温催醒接穗离皮后，室内嫁接有应用，野外嫁接后因接穗萌动失水，受愈合的时间限制。南方春季气温回升早，核桃嫁接上也少有应用。

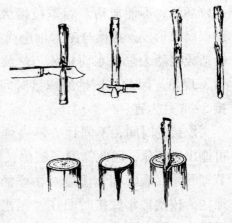

图4-3　插皮接

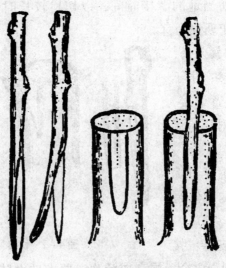

图4-4　插皮舌接

（五）胚芽嫁接

胚芽嫁接又叫子苗嫁接，有广义和狭义两种概念。狭义上的胚芽嫁接是指利用尚未出土的白色胚芽作砧木进行嫁接，用出土变绿后的幼苗作砧木嫁接叫子苗嫁接。广义上的胚芽嫁接包括以上两种嫁接（见彩图 15）。胚芽嫁接大大提高了核桃嫁接成活率，促进了核桃生产的迅速发展。

幼龄的植株生物活性最强，但抗性弱。随着年龄的增加，活性逐渐降低而抗性增强，进入衰老期，活性和抗性都不断下降。因此，从理论上讲，苗木嫁接成活率比大树高接的成活率高，刚出土的子苗嫁接成活率又比一年生砧木嫁接的成活率高。随着幼苗的生长发育，其固有的遗传特征和特性逐渐显示出来，如核桃的伤流在胚芽上几乎没有，氧化表现也慢，随着幼苗不断地生长，其伤流和氧化现象逐渐明显。所以，胚芽嫁接的成活率又略高于子苗嫁接成活率。

核桃胚芽嫁接技术是四川农业大学针对 1997 年甘孜州核桃与眉山、宜宾板栗嫁接研究改良的快繁技术。后来在全省广泛应用，产生了良好的社会效益和经济效益。

核桃的胚芽嫁接是利用厚壳铁核桃育苗作为核桃砧木，不仅使嫁接苗抗性得到提高，也使原来堆沤在山上的废品得到充分利用。据 20 世纪 80 年代攀西地区调查，有的厚壳铁核桃林下，年复一年的堆积形成厚厚的坚果层，每年利用率不到 1%。四川具有铁核桃的区、县集中在泥巴山以南，二郎山以西的广大地区，约 5 个市、州的 30 多个县（区）。这种核桃坚果年产量以万吨计。据 2005 年得荣县外运的铁核桃种子估计，全县的产量约 800 吨。

核桃胚芽嫁接技术有效解决了核桃的嫁接难题。胚芽嫁接技术简单，操作容易，多年来，这一技术在核桃和板栗上得到广泛应用，大量农村剩余劳动力掌握了这一技术，为退耕还林和核桃产业及时培育了大量嫁接苗。

核桃胚芽嫁接成活率高的最大优点是不但十分有力地克服了伤流问题，而且胚芽活性大大高于一年生砧木苗，愈合快；胚芽柔嫩，即使穗条与砧木切削面不平，也容易绑扎密合，对嫁接技术要求不严。另外胚芽嫁接育苗周期短，当年嫁接当年出圃。核桃胚芽嫁接主要技术要点与程序如下：

1. 选种

选择充分成熟的饱满种子，对商品种子需要砸碎检查种子的饱满度和新鲜状况，避免选用陈旧种子。种子单粒重 10 克左右，每公斤 100 粒左右。

2. 播种地选择

播种地以沙土较好；沙壤土次之；纯净的河沙最好。沙土催出的芽不带泥土，节省嫁接用工。沙通气性良好，可以深播。

核桃苗木出土后立即变细，细弱的地上部分是需要嫁接时剪除的废料。沙土深播镇压后的胚芽洁白而粗壮，有利于嫁接成活。最好且省工的催芽地点是沙滩。

3. 建催芽棚

选择宽度 8 米的塑料膜，可以搭建净空 5 米的催芽棚，步道居中，分为 2 个床。

4. 播种

铁核桃壳厚，利用干燥种子浸种催芽有一定难度，适宜用采收不久的湿润种子于秋季播种。根据种子裂口情况分选为 3 级，分级集中播种。

将分选后的种子分类倒在沙上，刮平，种子不重叠即可，每平方米约可排放上千粒种子。用沙覆盖约 5 厘米厚。

需要注意沙的水分，按种子储藏催芽湿度保持水分（即手捏成团不滴水，一碰即散）。

5. 断胚根

分类检查胚根生长情况。当胚根伸出约 5 厘米左右时，将种子滤出，集中断胚根约 1 厘米左右。

核桃断根后根系发达，不断根的主根延伸很长，消耗大量种实中的养分，夹仁核桃仁少，养分消耗完后自然脱落，影响芽的粗度，也影响嫁接后苗木生长量。

6. 催芽

将经过断根后的种子回棚催芽，为了保证胚芽通直不弯曲，便于嫁接，需要注意种子的放置方向（如图 4 - 5，核桃种子不同放置方向与出苗的关系）。种子要平放，缝合线垂直。

种尖是核桃出根的部位，种尖决不可向下。种尖向下虽然有利于根系的生长发育，但种子的另一端非常坚实，对出芽极为不利，即使胚芽能冒出来，也需要经过弯曲从侧面长出。弯曲的胚芽是难于进行嫁接的，彩图 16 显示了种尖朝下的生长发育状态，胚芽难于顶破坚硬的果底。

除了注意种尖的方向外，尚需注意缝合线的方向。核

桃种子生长是缝合线开
裂。如果两条缝合线沿水
平方向平放，将造成胚根
和胚芽弯曲生长。只有两
条缝合线上下垂直，裂开
后才能生长出通直的胚芽
（见彩图 17）。

将断根后的种子，按
正确的方向，密排于苗
床。为了培育粗壮的胚
芽，上面覆盖约 15 厘米
厚的沙，踩紧压实。这时
也需要根据种子沙藏催芽
的水分保持沙的湿度。随

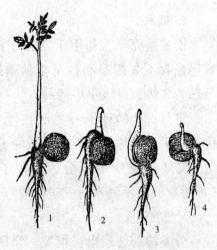

图 4－5　播种方式与出苗的关系
（山西果树所）
1. 缝合线向上　2. 种尖朝上
3. 种尖朝下　4. 缝合线平放

着胚芽的延伸，沙土出现裂口，这时切忌踩踏。当整个苗
床的沙被胚芽拱起，检查胚芽状况，当胚芽长达 8 厘米左
右，即可适时嫁接。

7. 接穗的选择

胚芽嫁接的接穗粗度以 0.7～1 厘米为宜，每接穗 2～3
个芽。其余要求与嫁接苗的接穗要求相同。

8. 嫁接

保留胚芽长度 5 厘米左右，横切多余部分（见彩图
18）。

不少核桃胚芽呈扁圆形，沿长径切口（见彩图 19）。

切口深度 3～4 厘米（见彩图 20）。

胚芽一般比接穗细，因此要求一侧形成层对齐，另一侧外悬。接穗要插到底部，不能留有空隙（见彩图21）。

（1）在其嫁接后回到洁净的沙棚愈合之前，可以用洁净的细麻线缠绕绑紧，无须打结，将两端的线拧紧贴上即可（见彩图22）。这种材料便宜，绑扎速度快，后期绑扎物自行腐烂，节省划膜用工，也不污染环境；但要求沙土和绑扎材料洁净。

将嫁接的苗木回棚愈合。以密沟状将接好的苗木密密排列，深埋于沙中，以促进愈伤组织的形成。3周左右，苗木开始抽梢。这类苗木"假活"率很低。逐渐控制水分和晒太阳练苗，最后暴晒苗木。选择好天气，于傍晚将嫁接成活苗移栽至大田，尽量保持砧木的果实不落。这种方法生产的大田苗都是嫁接苗，不浪费土地。集中愈合，也节省大田棚膜。

（2）如果嫁接后直接排栽大田，就需要用微膜缠绕紧密，防止接口进水（见彩图23）。

直接排栽大田的需要浇定根水，搭建地棚。

（六）嫁接后的管理

嫁接时和嫁接后都要注意防止碰伤和碰松接穗。

1. 保温

嫁接完一个苗床，马上插于拱棚并覆盖塑料膜。掏土压紧四周，防止被风吹开。最近研究发现，在能受光增温的条件下，适度遮盖庇荫能提高嫁接成活率。

2. 保湿

如果是嫁接后排栽大田，要栽正踏紧，灌足定根水分，并除萌蘖。嫁接后必须及时抹除砧木上的萌蘖，否则与接穗争水争肥，影响接穗的成活生长。

3. 除棚膜

当嫁接成活的新枝长到 10 厘米时，可以先两端再两侧揭开，逐渐练苗。当嫁接成活的新枝长到 20 厘米时，解除塑料薄膜棚。

4. 除接膜

6 月前，愈合部位已经牢固，为了不至于因缠绕部位产生缢痕而风折，应在充分牢固后及早划破嫁接膜。

第五章　果园建立

一、核桃生长发育基本常识

核桃丰产稳产栽培管理技术，离不开基础理论的支撑。核桃作为果树栽培的目的，主要是为获得早果丰产，稳产，优质，低耗果品。生产果品必须经过发育，即"开花结果"。因此，了解有关核桃生长发育的基本常识，知道调节核桃生长与结果的基本道理，因地制宜制订切合自身特点的经营管理方案对于核桃实际生产非常重要。

（一）生长与发育

生长：也称营养生长。生长是生物体重和体积的增加，是指植物抽枝长叶加长加粗树体枝干。营养生长的实质是植物细胞数量的增加和细胞体积的增长。如核桃树木的长高和增粗，这属于营养生长。

发育：也称生殖生长。发育是生物的器官构造和生理功能从简单到复杂的变化。生殖生长的实质是植物细胞的性质发生了质变。如核桃开花和结果，是生理上的变化造成的，这属于生殖生长。

那么生长与发育之间有什么关系呢？

生长是发育的基础，没有良好的生长便没有优质的发育。生长主要受遗传因素和环境中营养物质的影响。

发育是延续物种生存和生长的基础，从栽培角度而言，促进核桃生长的目的是使其能正常开花结果。开花结果主要受遗传和植物激素的影响和控制。但环境条件可以通过影响生长而影响发育。

实际上,在核桃的枝、叶、树不断生长的过程中,其也在不断成熟,伴随着性的发育;在开花结果期,枝、叶、树也需要不断生长。因此,结果与长树,二者之间密切相关,共处于一个矛盾的统一体中。因此,核桃丰产栽培的技术核心,就在于如何调节好生长发育,即如何协调好"长树"与"开花结果"的关系。

无论是生长还是发育,都对环境中的能量、物质有所需求,因此,在对营养的消耗上,二者也存在一定的竞争关系。营养生长消耗养分过多,生殖生长养分不足,开花结果受抑制;开花结果多,养分消耗过大,营养生长不足,反过来也影响以后的开花结果。因此,丰产栽培的技术要点,就在于因地制宜、因势制宜,调节处理好养分用于长树与结果的消费分配比例。

要使核桃产量高、质量好,首先需要选择优良品种,选择适合的立地条件建立果园,认真搞好经营管理。

1. 繁殖选材

开花结果在一定生理年龄后才能表现出来。因此,为了使核桃提早开花结果,嫁接时必须选择达到开花结果年龄的母树采集穗条。为了保证嫁接苗木的产品质量,还必须注意优良母树的选择。

2. 栽培管理

只有首先保证核桃幼年阶段良好的生长,打好营养生长基础，才能保证核桃良好的生殖生长。在栽培前期，主要通过土、水、肥的管理，促进营养生长。

3. 营养分配

营养生长和生殖生长都有养分的需求，应根据土壤母质的来源和发育程度（风化程度）不同，适当追施微量元素肥料。而作为一个母体，养分总量是有限的，因此，当保证了基本的营养生长基础后，可以在栽培上人为调节营养分配，适度控制营养生长，促进开花结果。

4. 两种生长的调控

作为用材林，栽培任务在于促进营养生长，推迟发育年龄，控制发育的消耗，进而多产材。作为果用树，协调生长与发育的关系贯穿于整个栽培环节。营养生长过弱不好，营养生长太旺也不好，营养生长太旺不利于花芽的分化，不利于开花结果。反之，开花结果太多，消耗养分多，轻则造成大小年的巨大波动，重则造成树木死亡。因此，小年的主要任务是通过技术措施为促进花芽分化创造条件，大年主要是增加养分补充和减轻当年养分消耗，增加养分供应总量，增加养分供应次数，疏花疏果等，以减轻大小年的产量波动。

（二）生命周期与生长周期

1. 生命周期

不同树木生命周期的长短，首先受遗传基因的控制，表现出一定的稳定性。其次也受立地条件和栽培经营措施的影响，表现出一定的变异性。

一般而言，核桃的经济寿命比较长，可以长达百年。

但在不同的立地条件和经营管理下，其经济寿命变化很大。

在栽培上，通过良好的管理，维持树木的生理活性，可以延长经济寿命。

通过"幼龄化"处理，也可适当延长自然寿命和经济寿命。因此，在栽培上，对于特别优良的核桃衰老树，可以通过切干、回缩修剪等，伐除上部衰老部分下部萌发的新枝，第二、三年就可以开花结果，延长经济寿命。

2. 生长周期

认识和了解一年中核桃的生长发育周期，对于适时调节生长发育、制订合理的经营管理措施具有重要意义。

（1）根系生长期

根系生长活动的时间早于地上部分，土壤温度3～5℃就开始生长活动。除了冬季严寒的高寒山区，一般地区都基本是全年生长而无休眠期，只是不同的时期有生长强弱和生长量大小之分。

正因为如此，为了保证下年的生长发育，每年一定要注意提前施基肥，这是近年充分证明行之有效的方法。

需要注意的是，根系生长与土壤条件有密切关系。养分不足生长就不好。当土壤水分不足，根系会被迫停止生长；当土壤空气太少，根系也会受抑制。

"土壤三相比"是一个经常见到的专业词语。树木通过根系吸收土壤颗粒所吸附的无机养料，所以土壤是养分的仓库，也是支撑树木的基础，称为"固相"。土壤颗粒之间的微小空隙对树木具有非常重要的作用。土壤水分占据的部分空隙，称为"液相"。土壤空气占据的部分空隙，称为

"气相"。"液相"所占比例太小，说明通气性好，但水分不够，如果全部空隙被水分占据了，说明水分太多，根系没有呼吸的氧气，必然窒息死亡。因此固相45%～50%，液相30%左右，气相25%～30%比较合适。"三相比"允许有一个合理的波动幅度。

土壤水分在田间最大持水量为60%～80%时，最适宜根的生长。土壤水分不足影响根的生长，但水分过多，空气不足，时间过长，会导致根系腐烂而死亡。土壤质地（黏土、壤土、沙土）结构不同也会影响根系的生长和对养分的吸收。因此，在栽培上创造良好的土壤环境，促进根系的生长有利于地上部分生长发育，增强光合性能，这是核桃重要的丰产措施之一。

（2）新梢生长期

叶芽从萌芽后，新梢开始生长，到枝梢停止生长。在枝梢生长过程中，除加长生长外，还有加粗生长。核桃属于壮枝结果的树种。因此，培养充实饱满的枝条，对于核桃

图5-1 核桃细枝结果

丰产非常重要。如果枝梢细长，节间长，不充实，长树多，那么结果稀疏，产量低（如图5-1）。

如果枝条粗壮，节间密，长树少，那么结果密集，产量高（如图5-2）。

核桃在四川一年抽2~3次梢。春梢是夏梢的基础，也是当年结果的主要枝梢，促进春梢生长对增大核桃产量很重要。夏梢是核桃扩大树冠的主要枝段，是促进幼年树生长的枝梢。夏梢也是下年抽生

图5-2　核桃壮枝结果

结果枝的主要母枝。夏梢的管理对下年丰产非常重要。多年观察证明，核桃秋梢需要控制。尽管极少量秋梢可以下年抽生结果枝开花结果，但总体而言是弊大于利。过于徒长的秋梢消耗大量养分，影响下年花芽分化和产量。徒长成"马鞭梢"状的秋梢，冬季大量枯死，白白浪费养分。

核桃枝条生长与花芽分化之间存在着相辅相成的关系。枝条的生长和叶片的增长，为花芽分化提供了制造营养物质的基础，因而有利于花芽的分化；但枝条生长过旺或停止生长较晚，由于消耗营养物质较多，又抑制了花芽分化。因此，加强核桃结果树的春、夏梢管理，对保证花芽分化和开花结果甚为重要。

（3）花芽分化

花芽分化是性成熟的标志。只有达到一定发育年龄才能开始花芽的分化。

　　不同性质的芽，其功能是不同的。核桃是雌雄同株异花的植物，按芽的形态和性质可分为：

　　雌花芽（混合芽）：芽体最大，球形、鳞片紧包、芽顶钝圆、多着生在枝条先端 1～3 节（少数品种其枝中上部也有着生），萌发后先抽结果枝，再于结果枝顶端着生 1～3 朵或更多的雌花开花结果。雌花葫芦形，子房下位，上有二片羽毛状的柱头，利于承接空气中飘飞的花粉。

　　雄花芽（为纯花芽，实际为一个缩短的雄花序）：鳞片很小，不能覆盖芽体，故又称为裸芽。为长椭圆形，桑葚状，萌发后仅抽生雄花，呈柔荑状下垂花序，不生枝叶，较长的花序可达 12 厘米以上，有花 100 余朵，产生大量的黄色花粉，利于风力传粉。一般着生在枝条顶芽以下的 2～10 节。

　　叶芽：枝条各节都可着生叶芽，叶芽萌发后长出枝叶抽生长枝。不同部位的叶芽，形状和萌发情况不一样。顶生叶芽，芽体较大，鳞片疏松，顶端微尖，为卵形或圆锥形；侧生叶芽枝体较小，枝条下部叶芽比上部的更小，为圆球形鳞片紧包，枝条上部的叶芽，在营养条件好时，能抽生充实健壮的新梢，并能转化为结果母枝，来年抽生结果枝开花结果；枝条中、下部的叶芽多不萌发而呈休眠状，又叫隐芽，隐芽寿命很长，有的可达 100 年之久，当树体衰老或枝条受伤或受刺激时可萌发抽生新梢。

　　此外核桃枝上还潜伏着一些不定芽，不定芽萌发力很强，萌发期也长，从春至夏末皆可萌发，因此核桃具有较强的更新能力，树木寿命很长。

　　核桃芽在枝上的排列：有单芽排列（一个节只着生一个芽）和复芽排列（一个节上着生两个芽）两种。复芽中常一个叶芽、一个雄花芽，或两个都是雄花芽叠生在一起，其中位于上方的称为副芽，下方的称为主芽。核桃的植株雄花芽很多，可占80%左右（见彩图24）。

　　任何果树的花芽都是由芽分化而来的。

　　核桃雌花芽钝圆形（见彩图25）。雌花和雄花如图5－3、图5－4。

　　在以上核桃花芽与叶芽已经在形态上可以区分之前，首先进行的是生理上的花芽分化。只有顺利完成生理分化才有后来的形态分化。如果不能顺利完成生理分化，则不能进行形态分化和开花结果。

图5－3　核桃结果枝上的雌花和雄花
一、生有雌花的结果枝　二、生有雄花的二年生枝
1. 雌花　2. 雄花花序　3. 雄花　4. 雄蕊

图5－4　核桃雌花

　　叶芽向花芽形态转化之前，生长点处于极不稳定的状态，代谢方向易于改变，所以生理分化期也叫做花芽分化临界期。此期条件适宜即可转化为花芽，否则即转入夏季被迫休眠，成为叶芽。花芽形

态分化一旦开始，将按部就班地持续分化下去，此过程通常虽不可逆转，但整个花芽分化形成的持续时间很长，若树体营养不良或外部条件不适，会影响花芽的分化形成，而出现畸形花或不完全花，这种花常仅开花而不能结实。花芽分化临界期是促进花芽分化的关键时期。

　　影响花芽分化的因素有遗传因素、树体营养水平和环境条件。

　　遗传因素：核桃按种子播种后开花的时间分为早实核桃和晚实核桃。播种 2 年左右开花的称早实核桃，播种 8 年左右开花的称晚实核桃。我国南方核桃种群中没有晚实核桃。近年通过杂交方法培育出了播种 1 年开花的早实杂交新品种（如图5-5）。

　　树木营养水平：树体中的有机碳水化合物和氮是花芽分化的基础重要物质，是花芽分化

图 5-5　杂交早实核桃苗

的重要营养和能量来源。如核桃生长弱，说明碳水化合物欠缺，花芽不能形成。但如果氮欠缺，碳水化合物相对过剩，虽能形成花芽，但结果不良。因此，生长中庸的核桃

树结果较好。

环境条件：环境条件通过影响核桃的生长发育而影响产量。

（4）花芽分化的调控途径：调控途径包括调控时间、平衡生殖生长与营养生长、控制环境条件、应用生长调节物质等。

调控时间：尽管花芽分化持续的时间较长，同一株上的花芽分化的时间也有早有晚，但在地区、年龄、品种相同的情况下，花芽分化期大体一致。因此，调控的时间应在花芽诱导期进行，如果超过生理分化期，调控效果就不明显。

平衡生殖与营养生长：这是控制核桃花芽分化的主要手段之一。例如大年加大疏果量，有利于花芽形成；幼树轻剪、长放、拉枝缓和生长势可促进成花；环剥、环割和倒贴皮也有明显的促花保果效果。

控制环境条件：通过修剪枝杈，改善树膛内的光照条件，花芽诱导期控制灌水和合理增施硝态氮及磷、钾肥，都能有效地增加花芽数量。

应用生长调节物质：目前应用最为广泛的是 B9 和多效唑。

二、防护设施

集中成片核桃林，在四周或要道口，要设置防止人畜随意进入的障碍物，防止人畜损害。

山地高度重视水土保持，应按水土防护林要求，兼顾护坡林与肥料林建设。

风大的山区，在上风方向，应按农田防护林要求，建造防风林带。

三、简易水肥设施

山地核桃园，最重要的生产设施是积肥坑、蓄水坑。尤其基肥来源，是山地核桃园持续高产必须考虑的重大课题。

（一）积肥坑

积肥坑的大小与分布，以方便积累和施用为原则（如图 5 – 6）。可以在一块核桃园建立

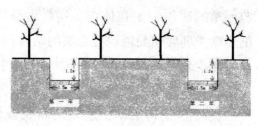

图 5 – 6　积肥坑

永久性的大型积肥坑；也可以结合土壤深翻熟化，建立临时性的施肥坑，直接将肥料与土壤较均匀地混合后再回填于坑内让其自然腐熟。但先将肥料于积肥坑内腐熟后再使用更好。

临时积肥坑均匀分布于林园内 2～3 年后，可在树木的另一行间掏挖新的施肥坑，同时起到深翻土壤的作用。

（二）绿肥与堆肥的生产

1. 山区绿肥意义

肥料始终是丘陵山区核桃生产需要长期重点解决的问题，而绿肥是有机肥的重要肥料之一。

结合山区的生产特点与优势，充分利用森林凋落物、青草、灌木等，制造堆肥；利用烧土、草木灰，生产土化肥。

2. 绿肥的特点和作用

除了一般有机肥的优点外，绿肥还有如下特点：

产量高：平均每亩鲜物质产量可达 1～2 吨。

肥效好：绿肥组织幼嫩，碳/氮比值小，分解快，肥效显著。

改良土壤：绿肥植物中，有的吸收能力强，将核桃吸收困难的矿物积聚在体内，腐烂后提供给核桃；绿肥积聚的多糖类和腐殖质能改善土壤的结构和耕作性能。

减少化肥成本：豆科植物的根瘤可以固定大气中的氮。每年每亩可以增加纯氮 2～8 公斤，最多增加 10 公斤以上。

提高养分利用率：速效肥料见效快，同时流失也快。绿肥植物快速吸收养分，暂时代为保存，减少养分在土壤中的固定与流失。

绿肥中的磷含量远不及牲畜肥料，但绿肥的有机氮含量却接近甚至更高。绿肥容易分解，氮的利用率比圈肥高。由于绿肥偏重于补氮，所以大量施用绿肥时要重点补磷、钾。根据绿肥的特点，最好与养殖业结合，用绿肥交换圈肥，可以提高经营效益。另外，也可以用绿肥制造堆肥。

3. 绿肥的生产与使用

绿肥收获期：以生物产量最高时收获为标准。一般在绿肥植物进入盛花期前为好。这时候植物体产量最高。因为花果将消耗大量体内养分，而且这时候植物体容易腐烂。新鲜绿肥腐烂时间一般半个月。

绿肥翻埋要求：翻埋绿肥的深度比有机肥浅。最好分层翻压，一般盖土不超过 10 厘米。为了加速绿肥腐烂，要求踩踏紧实。由于绿肥磷不足，因此翻埋时配合撒施磷肥为好。

绿肥每亩用量1吨左右为好。

使用绿肥注意事项：绿肥在分解过程中会消耗大量氧气，释放大量二氧化碳，积累过量的氨和亚硝酸。这些物质有利于霉菌类，如猝倒病菌的生存与繁殖。经历了这一过程，绿肥分解出对核桃有用的矿物养料，并形成改良土壤的多糖类和腐殖质。

4. 堆肥技术

堆肥是利用植物体、动物排泄物等精制有机肥料的方法之一。通过人为堆制，堆肥养料成分更完全，更符合核桃生长发育的需要。

堆肥不仅可以利用绿肥，也可以利用其他多种有机物混合堆沤。如收获后的农作物蒿杆、森林表土、泥炭土、牲畜肥、杂草、落叶、草皮等。

堆肥的生产原理：利用各种微生物对有机物进行分解，将其转化为能被植物吸收利用的无机物。开始是在适当通气的环境条件下，以好气性的高温纤维细菌和氨化细菌分解为主对有机物进行分解；然后原料自动下沉，空气减少，由微生物的作用进行腐殖质的积累；最后生产出速效的无机养料和生长刺激物质。同时，堆肥中也含多糖类物质，这是改良土壤的有机成分。因此，堆肥中不仅有多种无机养料成分，也有改良土壤的物质，这是化学肥料无法比拟的优势。

制作高质量的堆肥，不仅要考虑堆肥原料问题，还需要充分考虑到为微生物创造良好的生存、繁殖、工作环境。

（1）调节C/N（碳/氮）比

C是用来制造堆肥的有机物原料，N是指"富氮物质"，如尿素，农家的人粪尿。按原料加入20%左右的人粪尿，进行"氮处理"。如果是纯粹的绿肥，由于绿肥含氮量高，无须再加氮。磷不足，可以适当加入（如3%左右）过磷酸钙。

（2）调节酸度

调节酸度最简便、常用的办法是加入石灰。按照堆肥的数量，根据当地土壤pH值可以选择2%～5%的石灰比例。

（3）调节水分

水分过高、过低都不好，相对含水量60%～70%比较合适，保持湿润状态。

（4）调节空气

在堆肥有机物分解的过程中，不仅产生相对的高温，而且由于下沉，通气状况随之发生变化。在堆肥之前，在堆放的底部，设置"十"字形通气沟。每间隔5～7周，将堆肥翻动1次。

（5）接种微生物

这相当于引入"酵母菌"。在堆肥中，加入少量已经充分腐熟的堆肥，或者选择接种固氮菌、高温纤维分解菌、黑曲霉等。

另外，为了保水、保肥、保温，加速堆肥腐熟，还应该用泥浆或塑料薄膜封盖堆肥表面。

（三）蓄水设施

有条件的地方，结合农田基本建设项目修筑大型固定蓄水池。如果规模小、林园分散，没有修建大型固定蓄水池的条件，可以按照临时积肥坑的方法，掏挖简易蓄水坑。

四、整地

要求外高内低，反坡梯田，"即内斜式梯田"（如图5-7）。在梯地靠上坡方向设置背沟，承接上坡的水土，防止水土横穿梯面造成严重的水土流失。背沟按适当距离掏挖沉沙凼，用以收集上坡流失的肥沃表土。

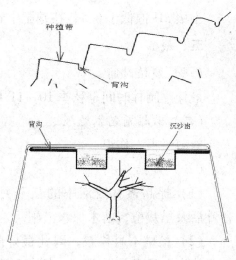

图5-7　整地

密度。山地株行距（5~6）米×6米，密度18~22株/亩。

挖坑。坑的规格为：80厘米×80厘米×80厘米（长×宽×高）。表层土壤的有机质含量高，团粒结构好，要充分利用表土。挖坑时，先把表土堆放在坑的一侧，心土放另一侧，回填时表土放于填坑的下方，以利根系下伸，心土填于上方，耕作时利于改良土壤。有石块的地段，把石块堆放在一起备用。

回填。完成全部种植坑的挖掘，检查合格后，再进入回填程序。先将准备好的有机肥堆放在坑中挖出的土壤堆上，然后先回填表土，回填时一边回土，一边回填肥料，使土与肥料混合，以达到改土的目的。

施基肥量。中等肥力的土壤施入50公斤左右农家干粪。在缺乏农家肥的地方，如果以绿肥作为基肥，需要提前1年堆沤。在绿肥中加入适量磷、钾肥。

土壤pH值低于6.5，在基肥中施入适量生石灰2公斤。

五、栽植

（一）栽植时间

最佳建园林时间是秋季10~11月。

（二）栽植前苗木处理

修剪烂根、伤根。

（三）栽植

（1）提高造林成活率的三个关键点：苗木根系发达，落叶后及早栽植，苗木保水措施。

（2）核桃不耐移栽，因此最好随起苗随栽植，尤其根部不能在空气中暴露太久。存放5天后栽植的，栽植前泡根20~30分钟，用过磷酸钙2%的泥浆蘸根后栽植。

（3）栽植时分层踩紧，浇透定根水，覆盖一层疏松土壤。

"三填两踩一提苗"：掘深栽植坑，放入苗木，将土壤覆盖至原来土痕20厘米以上。将苗木向上提至侧根微微外露。因为放进坑的苗木根系一般是四周上翘，提过的苗木侧根才自然向下。将土壤踩踏紧实，保证根系与土壤紧密接触。再次覆盖土壤并踩踏。浇透定根水。覆盖一层疏松土壤。

（四）掏树盘

完成栽植后，掏出树盘（如图5－8）。树盘以幼树为中心，中心高，外面低，以便于排水。四周作土埂，以便于灌溉。

图5－8 掏树盘

（五）覆盖

1. 地膜覆盖

地膜具有良好的增温保湿效果，黑色地膜可以防草（如图5－9）。用地膜覆盖整个树盘，四周掏土压紧。地膜覆盖最适合用来提高刚栽植幼树的成活率，但不宜长期使用。地膜覆盖下的温湿条件好，微生物活跃，有机质分解快，消耗多，容易加快地力衰退。因此，地膜

图5－9 地膜覆盖

覆盖后要加大有机质的补充。同时，长期覆盖影响土壤氧气供应，对根系呼吸不利。

2. 植物材料覆盖

将作物材料、草等覆盖树盘（如图 5-10）。覆盖物一般厚度 10~15 厘米，且必须距根颈有一定距离（一般 10 厘米左右），以免使根颈受害，影响核桃生长。

六、间作

（一）间作原则

不影响光照，以矮秆作物为宜。间种作物与核桃之间的距离，幼树保留距离 0.8 米以上。

（二）间作作物

山地建园提倡

图 5-10 植物材料覆盖

轮换间种豆科作物如胡豆、豌豆、饭豆、绿豆、三叶草、无刺含羞草及矮秆植物如红薯、蔬菜等，以草养畜，畜肥回园（见彩图 26）。高粱、玉米等高秆作物不能间种，以免与核桃争肥、水和光照。

蔬菜的经营程度最高，需精耕细作，勤施肥灌水，故间种蔬菜的核桃生长最好。蔬菜类作物也需要轮换间种。

七、施肥

核桃施肥需根据生长发育节律，把握施肥次数、施肥数量、施肥时间。根据核桃树具体生长发育特点决定施肥种类。

（一）肥料种类

肥料分为无机化肥和农家肥两大类。无机肥营养单一，长期施用容易发生缺素症，同时会造成土壤板结。

　　农家肥包括圈肥（牛粪、猪粪、羊粪、鸡粪）、堆肥、绿肥、河沟淤泥、饼肥、人粪尿、火烧土、草木灰、骨粉等。农家肥主要是有机肥。不同的农家肥其养分的内含物不完全相同。

　　有机肥来源于生物体分解物，营养全面。

人粪尿的主要养分（%）

肥料名称	水分	有机物	氮	五氧化二磷	氧化钾
人粪	≥70	20	1.0	0.50	0.37
人尿	≥90	3	0.5	0.13	0.19
人粪尿	80	5～10	0.5～0.8	0.2～0.4	0.2～0.3

牲畜粪尿的主要养分（%）

肥料名称	水分	有机物	氮	五氧化二磷	氧化钾	氧化钙
猪粪	82	15.0	0.56	0.40	0.44	0.09
猪尿	96	2.5	0.30	0.12	0.95	未测
牛粪	83	14.5	0.32	0.25	0.15	0.34
牛尿	94	3.0	0.50	0.03	0.65	0.01
马粪	76	20.0	0.55	0.30	0.24	0.15
马尿	90	6.5	1.20	0.01	1.50	0.45
羊粪	65	28.0	0.65	0.50	0.25	0.46
羊尿	87	7.2	1.40	0.03	2.10	0.16

饼肥的主要养分

饼肥名称	氮（%）	五氧化二磷	氧化钾
大豆	7.00	1.32	2.13

续表

饼肥名称	氮（%）	五氧化二磷	氧化钾
棉籽	3.41	1.68	0.97
油菜	4.60	2.48	1.40
油茶	1.11	0.37	1.23
油桐	3.60	1.30	1.30
榛子	5.16	1.89	1.19

骨粉的主要养分

骨粉种类	五氧化二磷（%）	氮（%）
生骨	15~20	4~5
粗骨粉	19~22	3~4
蒸制骨粉	21~25	2~3
脱胶骨粉	29~34	1~2

与无机化肥相比，有机肥营养成分丰富，除了表中所列主要元素外，还有很多其他种类的常量元素和微量元素，以及大量的纤维素和木质素。有机肥在某种程度上是真正意义上的完全肥料，对于土壤的改良具有十分重大的作用。

圈肥主要常量和微量元素含量

元素	含量范围（%）	元素	含量范围（%）
钙	0.108~3.330	硼	0.001~0.005
镁	0.072~0.261	锰	0.0005~0.0081
硫	0.045~0.279	铜	0.0005~0.0014
铁	0.004~0.042	钼	0.00005~0.00050
锌	0.001~0.008		

（二）施肥时间和方法

按照施肥时间和作用，施肥分为基肥和追肥两种。施肥时间和次数，主要根据土壤肥力、核桃生长发育状况确定。施肥要点：秋冬重施基肥，春夏巧施追肥。

1. 基肥

有机肥属于全效肥，是改良土壤、提高地力、保证核桃持续高产稳产的基本肥料。

（1）施肥时间。果实采收后的晚秋施肥，效果最好。主要是恢复树势，提早施肥，有机质经过充分分解，为第二年生长发育准备充分的营养物质，有利于花芽分化、开花结果和核桃生长。这次应以有机肥为主，施用量约占全年有机肥料的70%。

（2）施肥方法。环状沟施肥：与土壤深翻相结合，是果树常用施肥方法之一。为了保证深翻质量，一般沟深40～60厘米。沟的位置为树冠投影位，内外挖条状沟或环状沟（如图5－11）。

（3）施肥量。应根据土壤肥力高低进行施肥，一般幼年树施农家基肥20～50公斤，结果树50～100公斤，高产树200公

图5－11　条状施肥沟
（又称猪槽式施肥）

斤。由于树的大小差别很大，施肥量最好参考树冠大小，产量按每平方米的树冠面积增减。

2. 追肥

追肥以速效肥为主，混合人畜液肥能提高肥料利用率。主要根据土壤肥力水平高低，树龄、产量、树势等决定施肥量。追肥占全年用肥1/3。折合纯氮的追肥量按核桃坚果收获量的2.7%（尿素含氮46%，硫酸铵含氮22%～24%，硝酸铵含氮32%～35%）。丰产期注重补充磷钾肥。

（1）土壤追肥。为了提高追肥的利用率，应根据生长发育节律巧施追肥，如萌芽肥（3月），应占全年总追肥量的50%，以速效氮肥为主；稳果肥与花芽肥同期（6月），追肥量占30%，以复合肥为宜；壮果肥（7月），追肥量20%，以氮、磷、钾复合肥为宜。

核桃幼树氮、磷、钾的混合比例3:1:1，丰产结果树可为3:2:2。

每次追肥，沙土要防止化学肥料"烧苗"，应该量少次多，且与农家肥混施。施肥与除草灌水结合。

追肥要考虑分树追肥，重点补肥。对弱树，尤其是其中结果多的树，要增加追肥次数和追肥量。

（2）根外追肥。根外追肥又称"叶面施肥"。叶面施肥具有用量少、见效快、肥料利用率高等优点。

根外追肥要量少次多。常见"叶面施肥"的种类和浓度：尿素0.3%～1.0%，钼酸铵0.5%～1.0%，过磷酸钙0.5%～1.0%，硫酸钾0.2%～0.3%（可以用1%的草木灰充分浸提后过滤的清液代替），硼砂0.1%～0.2%，硫酸铜

0.3%～0.5%。

根外追肥的时间：施肥的时间根据核桃生长发育期来确定，选择在最需要的时期及时补充。在天气选择上，阴天全天施肥。如果是在晴天高温天气下，应该在早晨露水干后到十时前，下午五时后。这段时间气孔开张，施肥有效。阴雨或大风天气不宜叶面施肥。

另外，在施肥方法上，首先喷的叶片部位是叶背，其次一切有利于肥料能吸附在叶片上的措施都有利于提高施肥效果。比如适量加入洗衣粉等，有利于肥料被吸附。

叶面施肥有自身的优点，但不能完全代替土壤施肥。

八、营养诊断常识

核桃常见缺素症与经营措施如下：

（一）缺氮

首先表现在老叶上，叶子整体发黄，纤细而生长缓慢。氮是树木生长最重要的元素，人们一般对缺氮比较容易判断。及时施农家混合肥，问题容易解决。也可以用浓度为0.3%～0.5%的尿素溶液喷施。

（二）缺磷

氮、磷、钾统称"三要素"。缺磷也首先表现在老叶上。叶子失绿，有的呈暗灰绿色，有的呈淡红色。此时应加大基肥中磷的用量。也可以用浓度0.5%～1.0%的过磷酸钙溶液喷施。

（三）缺钾

缺钾首先是老叶出现斑点，然后叶子边缘和叶尖坏死，有时候叶子卷曲皱缩，茎的节间变短。解决办法是增加有机肥中钾或草木灰的比重。也可以用硫酸钾0.2%～0.3%或1%的草木灰充分浸提后过滤的清液进行叶面喷施。

（四）缺铁

石灰性土壤上容易发生缺铁。世界潜在缺铁土壤占陆地总面积20%～30%，干旱缺水条件下缺铁更严重。缺铁表现为顶端嫩叶开始黄化变白，此时可以用0.3%的硫酸亚铁溶液叶面喷施。为了提高施用效果，按水的容量加0.15%左右的醋。土施硫酸亚铁，必须混合圈肥等农家肥才能减少其被土壤固定。

第六章　整形修剪

一、整形

（一）核桃树形

核桃为寿命长、干性较强的果树，在自然生长条件下，树冠高大而稀疏。因其干性强，芽的异质性和顶端优势特别明显，顶芽发育远比侧芽充实肥大。顶芽萌发后能抽生健壮的顶枝，生长旺盛，而侧芽发枝力弱，仅先端少数芽能抽发，中下部侧芽多呈休眠状态，即使少数能萌发，也多会自行干枯脱落。冠内枝条稀疏，层性明显，树冠多呈圆头形，幼树时期较直立，进入盛果期后，多横向生长，分枝角度大，树冠开张，枝条下垂，主干比较矮的大树40～50年生时下部大枝往往容易接触地面。栽培上，核桃的树形多采用疏层形和自然开心形，具体整形时可根据品种特性，根据土壤、地势、肥水管理条件等因素不同，因树因地制宜选用。

1. 疏层形

适用于直立性强的品种和土壤肥沃、深厚，栽培管理条件较好的四旁核桃树。其特点是有明显的中心干，干高1～1.5米，主枝5～7个，分成3层。第一层3个，定干后第一年选留2个，第二年再留1个，3个主枝错落差生，并保持稍远的层内距离。第二层留主枝2个，与第一层之间层间距1～

1.5 米。第三层 1~2 个，与第二层间距离为 1 米左右。每个主枝上再选留两侧间外斜生的副主枝 2~4 个。其中第一层主枝上的副主枝可稍多，二、三层的渐少，注意合理利用空间，避免副主枝间交叉拥挤，保持好中心干的优势，调节好从属关系。整形期间应尽量多留弱枝作为辅养枝，以促进中心干和主枝的生长，提早结果和增加早期产量。

2. 自然开心形

此树形无中心干，主枝数目较少，一般 2~3 个或多个，树冠矮小，适用于树冠开张，土壤瘠薄。管理集中成片的核桃树，是为了经营管理方便。主干高度 20

图 6-1　自然开心型

~40 厘米，培养矮化的开心形。这种树形内膛光照好，内外结果。管理方便，适合集约经营（如图 6-1）。

采用拉枝或撑枝的办法，截除主梢，将主枝适当拉开。对内膛产生的徒长枝，有结果空间的可以采用扭枝、别枝、夹枝的办法，将其转化为结果枝；没有空间的应该及时疏除。需要长期间种的地方，主干高度可以选择 50~80 厘米。

（二）整形的时间

休眠期核桃有伤流现象，故不宜在休眠期进行大枝剪截整形修剪，而以秋季最适宜。幼树整形，应该尽量利用生长期进行。需要对大枝进行剪截，最好选择在落叶前进行。成年树的整形在采果后的 10 月前后，叶片尚未变黄之前进行，秋季修剪，有利于伤口在当年内及早愈合。

（三）整形的方法

除常用的短剪（定干、促梢、培养枝组）、疏剪（疏剪去徒长枝、过密枝、枯枝、病虫枝）、回缩（复壮更新）外，生长季还可进行如下处理：

1. 扭枝

幼树自然生长的形状各异，有的是独立枝，有的是并列枝，有的方向和角度不合适（如图 6-2）。

图 6-2　扭枝

对旺枝通过扭枝，扭伤了木质部和皮层，阻碍了养分运输，缓和了生长势，可以控制营养生长，提高芽的质量和萌发率，有利于促进花芽形成，培育成结果枝和结果枝组（如图 6-3）。

2. 拉枝

枝条粗，生长过旺或者错过生长季节，扭枝困难，可采用拉枝以缓和生长势。

拉枝要注意方向和力度（图6-4）。根据长势把握力度。在幼树整形期，为调节各主枝间的生长平衡，需要对旺枝进行拉枝。越旺越拉，弱枝不拉。

图6-3　扭枝效果

图6-4　拉枝

调整分枝角度，培养树形，萌发的新梢让其直立生长。直立枝很快能赶上原来枝角大的主枝。果树栽培往往通过改变枝条的生长角度来培养树形，调整枝势。

3. 环剥

有的树需要生长主枝的地方没有枝，留下空缺，浪费空间，影响产量。萌动前，在需要主枝的上部环剥（见彩图27），刺激环剥下部芽的萌发。长出新枝后，选择方向合适的枝条，先让其直立快速生长，达到需要规格后，再拉大枝角培养成主枝。不需要的疏除，留下的进行短切，培养成所需要的主枝或内膛结果枝组。

环剥主要是中断了有机物质和无机物质的上、下运输，暂时有效地阻止了早春根系贮藏和吸收的水分和养分上运，促进了伤口以下潜伏芽的萌发抽生。但该措施对整体的抑制作用大，使用时必须有条件、有限度地适时、适量，严格按照技术要求进行。否则适得其反，甚至造成不可挽回的极大损失，生产上这类实例不少。

二、修剪

核桃修剪最好是春促、夏控、秋处理。

（一）春促

通过对土、水、肥的管理，可促进春梢旺盛生长，促进春梢数量的增加。梢是叶、花、果的基础，充分利用生长空间，培养尽可能多的春梢。对有生长空间的枝段，进行摘心处理。

摘心去除了正在生长的枝条顶幼嫩部分，改变了营养物质的运转方向，使之转入下部侧芽，使侧芽和叶片更加饱满成熟，有利于形成花芽或抽放出更多的侧枝，避免了对大枝的大锯大砍，损失的生物量少，有利于尽早选择培育主枝（如图6-5、图6-6）。

图6-5　节间短的中、短果枝结果状　　图6-5　节间长的徒长性果枝结果状

（二）夏控

主要内容是控制营养生长，集中养分保证花芽的分化。主要技术措施包括减少水分供应、适当控制和减少氮肥施用、增加树冠内膛光照、适当施用生长延缓剂和生长抑制剂。

（三）秋处理

只要注重夏季的及时管理，一般秋处理比较省工。对于个别需要调整去除的枝段，在落叶前完成处理。

第七章 丰产措施

一、土壤管理

(一) 肥水管理

多施有机肥，是核桃丰产的重要措施。每年秋季采果后结合土壤深翻应重施有机基肥，其量应该占全年总施肥量 2/3 以上。

巧施追肥，根据核桃生长发育特性，根据生长、花芽分化、开花坐果的生物节律，有针对性地追肥。追肥以速效肥为主。氮、磷、钾的比例以有效成分计算为 3:1:1。3 月芽萌发前施萌动肥，以氮肥为主，兼施磷、钾肥，对促进春梢生长具有重要影响。花凋谢后约 5 月，子房开始膨大，逐渐进入果实速长期，应施花果肥，不仅有利于当年坐果、减轻落果、促进果实生长，也有利于花芽分化，进而为下年丰产打好基础。6～7 月要施壮果肥，虽然核桃果实体积基本在 5 月就达到最大体积的 90%，但此时正是果实硬核期，其后果仁充实并逐渐成熟，需肥量大。因此，施壮果肥对于果实的重量和质量具有重要作用。

(二) 土壤改良

夏季结合压青或追肥松土 10～20 厘米，秋冬结合施底肥沿树冠向外扩 30～40 厘米宽，40～50 厘米或更深的沟穴，可两年轮换一次。

土壤管理的重点是保持水土，增厚土层，改良土壤结构。

（三）间作与农牧结合

在有机肥充足、农业种植技术好的地方，可以间作相宜的经济作物。利用间种，以耕代抚，降低管理成本，增加经济收入。农作物稿秆不宜焚烧。山地最缺乏的是有机质，焚烧后得到的只有其中的无机质，虽然表现出"速效"现象，但珍贵的有机质损失殆尽，得不偿失。

（四）地面覆盖

覆盖按照覆盖材料分植物覆盖、石块覆盖、地膜覆盖等。

（1）覆盖植物体，既减轻水土流失，降低土壤水分蒸发，又大大增加土壤有机质，改善土壤理化性质，对山地核桃园持续稳产具有重大作用。

（2）石块覆盖具有防止大雨冲击，减轻水土流失的作用。石块覆盖在我省很多干旱区的保水作用非常明显，老百姓称之为"一块石头三两油"。

（3）地膜覆盖具有明显的增温、保水作用。使用地膜覆盖需要注意两点：一是覆盖时间不宜太久，最长半年需要揭开换气，长期覆盖的土壤中必然聚集大量有害物，核桃根系也需要氧气用于呼吸；二是必须大量追加有机质，特别是重点补充农家肥。

二、花果管理

（一）叶面施肥

于花期、新梢速生期、花芽分化期、采果后的晴天上午 10 时前或下午 4 ~ 5 时以后，施以尿素 0.3% ~ 1.0% 、过磷酸钙 0.5% ~ 1.0% 、硫酸钾 0.2% ~ 0.3% （或 1% 草木灰浸出液）、硼砂 0.1% ~ 0.2% 等，或根据需要选择上述肥料种类，喷施叶背。对缺素症也可喷施相应的微肥。

（二）人工授粉

早实核桃前 3 年雄花稀少或没有，需辅助授粉。

选择优良母树。当花序变黄后注意检查撒粉情况。手捏花序沾上花粉时采集花序。摊晾在避风的地方，抖出花粉装于小瓶中，瓶口用棉塞封口。

授粉时期。核桃雌花反卷呈倒"八"字，柱头上能感觉到黏稠，阳光下可见亮晶晶的小液点时，是授粉的最佳时期。最好选择花期接近雌花的雄花，减少储藏时间。不在雨天授粉。如果母树雌花的开放不整齐，可以间隔性地授粉 2 ~ 3 次。

授粉方法。如果花序来源丰富，可以将花序成束挂于树上自由授粉。如果母树量少且矮化，为了操作方便也可以在花粉中加适量淀粉喷粉或人工抖授。面积大时，可以在花粉中加适量淀粉喷粉，也可以在花粉中加 5 000 倍水（水中加白糖 10%，硼酸 0.02%）喷雾。

（三）刻伤与环割

在花果期刻伤，伤皮不伤木，刻伤要求在生长期内必须愈合。对旺树刻伤能减轻当年落果。刻伤与环割的深度和宽度以坐稳果后能愈合为准（见彩图 28）。

（四）施生长调节剂

生长调节剂，如多效唑等，是针对旺树施用的。土壤

太干效果差，可以抑制长树，促进结果，但必须保证养料充足，且弱树不能使用。

第八章　病虫防治

一、虫害

（一）云斑天牛

云斑天牛又名铁炮虫、钻木虫。幼虫在树干的韧皮部和木质部钻蛀隧道取食，造成树势衰弱，果实品质下降，严重时整株死亡。这种虫属于最重要的害虫，是核桃树的毁灭性害虫。

1. 人工杀虫

5~6月是成虫发生期，白天观察树叶、嫩枝，经常发现有小嫩枝被咬破且呈新鲜状时，利用成虫假死性进行人工振落或直接捕捉杀死。晚上利用成虫趋光性，用黑光灯引诱捕杀。成虫产卵后，经常检查，发现有产卵破口刻槽，用锤敲击，可消灭虫卵和初孵幼虫。当幼虫蛀入树干后，可掘开碎木屑，将细铁丝从虫孔插入，捅杀幼虫。

2. 杀卵

该虫在树干上产卵部位较低，产卵痕明显，如发现有产卵刻槽，用锤敲击可杀死卵和小幼虫。

3. 化学防治

清除虫孔粪屑，放入高效低毒农药棉塞，用湿泥封口熏杀幼虫或用毒签堵塞虫孔。

4. 保护天敌

招引和保护鸟类，尤其重视借助啄木鸟等，是最佳防治措施。

（二）介壳虫

介壳虫刺吸汁液，使树势衰弱，发芽困难，叶片变小，受害严重的枝条衰弱枯萎，影响花芽分化，影响产量（见彩图 29）。

早春和 6 月中旬，用高效氯氰菊酯与 0 号柴油按 1:20 比例混合，于树干上涂 20～30 厘米宽，阻杀上下树的若虫和雌成虫，隔 15 天再涂一次。如果若虫已上树，用速扑蚧乳油 1 500 倍液加甲氰菊酯油 2 000 倍液，喷洒树上若虫。

（三）举肢蛾

又名核桃黑，以幼虫蛀入核桃果内（总苞）后纵横穿入危害，使被害的果皮发黑、凹陷；核桃仁发育不良，干缩而黑，枯干，这严重影响核桃产量（见彩图 30）。

核桃举肢蛾是核桃最严重的虫害之一。荫蔽潮湿、杂草丛生、阴坡发生最重，阳坡和耕种地较轻。降水日照综合系数大的年份发生严重。可采用以树冠下地面深翻为基础、树冠喷药为应急手段、摘拾虫果集中深埋为辅助措施的综合防治办法。

6 月上中旬捡拾地面第一代幼虫的落果，集中深埋土中，杀灭幼虫，减少虫源。6 月上旬到 7 月下旬是第二代幼虫蛀果期，每隔 10 天喷洒一次 5% 的功夫菊酯 2 000 倍液，也兼治其他多种害虫。

（四）核桃果象甲

成虫行动迟缓，飞行力差，有假死性，以嫩枝、幼果为食，产卵时在果面上（多在果脐周围），蛀一个深约 3 毫米的洞；初孵幼虫在果内蛀食，当进入核内蛀食种仁时，种仁变黑，果实脱落（见彩图31）。

一般在低海拔和阴坡危害较严重。

防治方法：春夏统一行动，及时拾净地上落果，并摘除树上被害果，不留虫源，集中处理消灭。冬季深挖树盘清除杂草和灌木，杀死土中越冬成虫。保护寄生蝇、蚂蚁等天敌。注意成虫 5 月初产卵期的防治。

二、病害

（一）核桃炭疽病

主要危害果实，产生黑褐色稍凹陷、圆形或不规则形病斑，严重时使全果腐烂，干缩脱落。天气潮湿时，在病斑上产生轮纹状排列的粉红色小点（见彩图32）。

防治方法：选择抗病品种，冬季扫除园中落叶，捡出落地病果，剪除病枝，集中深埋或烧毁，减少侵染源。

株行距离适当，不宜间种高秆作物，改善树林和树膛通风透光。发病前或雨季到来之前，喷洒 1∶1∶200 倍波尔多液或50% 退菌特可湿性粉剂 600～800 倍液、50% 甲基硫苗灵可湿性粉剂 800 倍液，每半月喷洒 1 次，共 3～5 次。关键选在幼果期喷药预防。

如果生长季发病，抓紧初期喷洒 50% 多菌灵可湿性粉剂 1 000 倍液。

发病期间，可选用 10% 多氧酶素可湿性粉剂 1 000～1 500 倍液、50% 多菌灵可湿性粉剂 1 000 倍液、50% 甲基托布津可湿性粉剂 1 000 倍液。每半月左右喷 1 次。

（二）细菌性黑腐病

又称核桃黑斑病，主要危害幼果、幼叶，也可危害嫩枝。幼果染病，果面生褐色小斑点，边缘不明显，后成片黑，深达果内致使整个核桃及核仁全部变黑或腐烂脱落（见彩图33）。近成熟的果实染病后，首先局部病变在外果皮，后波及中果皮致果皮病部脱落，内果皮外露，核仁完好（见彩图34）。叶片染病，先在叶脉上出现近圆形或多角形小褐斑，扩展后相互愈合，病斑外围生水渍状晕圈，后期少数病叶皱缩畸形。

病原菌在枝梢或芽内越冬，开春借风雨传播，花期极易染病，夏季多雨发病严重。

防治方法：选用适生品种，加强土肥水管理，增强免疫力。

清除病叶、病果。采收后剥下的果皮要集中烧毁或深埋。剪除病枝、枯枝。防治虫害，免伤枝条。

发芽前喷1次5度石硫合剂或50%的甲基托布津可湿性粉剂1 000倍液预防。

展叶到落花后，喷洒72%农用链霉素可溶性粉剂4 000倍液，40万单位青霉素钾盐4 000～5 000倍液。

其他50%多菌灵可湿性粉剂800～1 000倍液，70%甲托可湿性粉剂1 000～1 500倍液，0.4%草酸铜液都可选用。

核桃细菌性黑腐病与炭疽病往往交织发生。

核桃细菌性黑腐病的果实也变黑、腐烂、脱落，呈水渍状；炭疽病的果上有黑色小点，潮湿时有粉红色的分生孢子堆。

使用 70% 甲基托布津 700 倍液与 50% 福美双 500 倍液混合或者 50% 多菌灵 600 倍液与 500 万单位链霉素 500 倍液混合均可。

第九章　核桃采后处理

当核桃的青果皮由绿变黄，部分果皮顶部开裂，容易剥离和种仁饱满时，为核桃最佳的采收时期。此时果仁的风味浓香，品质最佳。

一、采收

核桃的采收方法有人工采收和机械采收两种。人工采收是我国目前普遍采用的方法，其特点是在果实成熟时，用竹竿或带弹性的长木杆敲击核桃所在的枝条或直接击落果实。人工采收时应该从上至下，从内向外顺枝击打，以免损伤枝芽而影响来年产量。机械采收的机具包括振动落果机、清扫集条机和捡拾清选机，其作业程序是先用振动落果机使核桃振落到地面，再由清扫集条机将地面的核桃清扫集中成条，最后由捡拾清选机捡拾并简单清选后装箱。由于同一株核桃树上的果实成熟期不完全一致，因此，采用机械采收时，必须在采收前的 10～20 天，对树体喷洒200～500mg/kg（即200～500ppm）乙烯利进行催熟，使其成熟一致，这样用机械采收的核桃青皮容易剥离，果面污染少，但缺点是大量的叶片较早脱落而削弱树势。

二、脱青皮

据测定，刚采收后的核桃青皮含水量为 40%～45%，果仁的含水量为 20%～25%。如此高的水分含量很容易使核桃采收后腐烂变质。因此，核桃采收后首先应该及时地进行脱除青皮处理。一般脱除核桃青皮的方法有堆沤脱皮法、药剂脱皮法及机械脱皮法等。

（一）堆沤脱皮法

核桃采收后要及时运到室外阴凉处或室内，堆成厚度约50厘米的堆，堆积过厚容易腐烂，切忌在阳光下暴晒。若在果堆上加一层10厘米厚的干草或干树叶，则可提高堆内的温度，促进坚果后熟，加快脱皮速度。一般堆沤3～5天，当青果皮离壳或开裂达50%以上时，即可用木棍敲击脱皮。对未脱皮的核桃青果可再堆沤数日，直到全部脱皮为止。堆沤时，切勿使青果皮变黑，甚至腐烂，以免污液渗入果壳内污染果仁而降低核桃坚果的品质与商品价值。

（二）药剂脱皮法

核桃采收后，在300～500mg/kg（即300～500ppm）乙烯利溶液中浸渍0.5分钟再按50厘米左右的厚度堆放于阴凉处或室内，在温度为30℃、相对湿度为80%～95%的条件下，经5天左右，离皮率即可高达95%以上。若果堆上加盖一层厚约10厘米的干草，2天左右即可脱皮。据测定，这种脱皮法的一级果率比堆沤法高52%，果仁变质率下降到1.3%，且果面洁净美观。乙烯利催熟时间的长短与乙烯利溶液的浓度和果实成熟度有关，果实成熟度高，则所用乙烯利溶液的浓度低，催熟的时间短。

（三）机械脱皮法

依据揉搓原理，将带青皮的核桃放在转动磨盘与硬钢丝刷之间进行磨损与揉搓，使得核桃青皮与坚果分离。若核桃青皮水分含量少，果仁皱缩，加之揉搓力大，则很容易在脱青皮时损伤果仁。因此，用机械脱皮法脱除核桃青皮必须在采收后的1~2天内进行。

三、漂洗

核桃脱去青皮后通过清洗除去坚果上的泥土、残留的烂皮和枝叶。清洗的方法有人工清洗与机械清洗两种。人工清洗的方法是将脱皮的坚果装筐，把筐放入水池中或流动的水里，用竹扫帚搅洗。在水池中洗涤时，应及时更换清水，每次洗涤时间以不超过5分钟为宜，以免脏水渗入壳内污染果仁。机械清洗的工效是人工清洗的3~4倍，核桃成品率至少会提高10%。为使成品核桃外观品质洁净、色泽一致，最好将洗涤后的核桃进行漂白。具体做法是在陶瓷缸或木桶内，先将漂白精（含次氯酸钠80%）溶于5~7倍的清水中，然后把洗净的核桃放入缸内，使漂白液浸没坚果，用木棍搅拌3~5分钟。当核桃坚果壳面变为白色时，立即捞出并用清水冲洗2次，晾晒。只要漂白液不浑浊，就可连续漂洗，一般一道漂白液可漂洗7~8批核桃。

四、制干

核桃坚果的制干有自然晾晒与人工制干两种方法。

（一）自然晾晒

洗好的坚果应先在架空的竹排上阴干半天，待大部分水分蒸发后再摊放在席上晾晒。摊放厚度不应超过两层，过厚则容易发热，果仁变质，也不容易干燥。晾晒时要经常翻动，要避免雨淋和夜间受潮。不能在阳光下暴晒，以免果壳破裂、果仁变质。一般经5~7天即可晾干。

（二）人工干制

与自然晾晒相比，人工干制的设备及安装费用较高，操作技术比较复杂，成本也高。但是，人工干制具有自然晾晒无可比拟的优越性，它是核桃坚果干制的发展方向。目前，我国的人工干燥设备，按烘干时的热作用方式，一般分为对流式干燥设备、热辐射式干燥设备和感应式干燥设备三种类型。此外，还有间歇式烘干室与连续式通道烘干室及低温干燥室和高温烘干室之分。所用载热体有蒸气、热水、电能、烟道气等。间歇式烘干室普遍采用蒸气、电能电热，连续式通道烘干室则多采用红外线加热。电磁感应式干燥方法目前尚未广泛应用，生产上使用较多的是烘灶和烘房，它以炉灶加热、借空气对流完成热传导。

五、核桃分级

核桃坚果质量的优劣深受生产者、经营者、消费者和外贸部门的关注。不同坚果的品质具有不同的价格。新的质量等级分为特级、一级、二级和三级四个等级，每个等级均要求坚果充分成熟，壳面洁净，缝合线紧密，无露仁、虫蛀、出油、霉变、异味、杂质，且未经有害化学漂白物处理过。

（一）特级核桃

果形大小均匀，形状一致，外壳自然黄白色，果仁饱满、色黄白、涩味淡，坚果横径不低于30毫米，平均单果重不低于12.0克，出仁率达到53.0%，空壳果率不超过1.0%，破损果率不超过0.1%，含水率不高于8.0%，无黑斑果，易取整仁，粗脂肪含量不低于65.0%，蛋白质含量不低于14.0%。

（二）一级核桃

果形基本一致，出仁率达到48.0%，空壳果率不超过2.0%，黑斑果率不超过0.1%，其他指标与特级果相同。

（三）二级核桃

果形基本一致，外壳自然黄白色，果仁较饱满、色黄白、涩味淡，坚果横径不低于28.0毫米，平均单果重不低于10.0克，出仁率达到43.0%，空壳果率不超过2.0%，破损果率不超过0.2%，含水率不高于8.0%，黑斑果率不超过0.2%，易取半仁，粗脂肪含量不低于60.0%，蛋白质含量不低于12.0%。

（四）三级核桃

无果形要求，外壳自然黄白色或黄褐色，果仁较饱满、色黄白色或浅琥珀色、稍涩，坚果横径不低于26.0毫米，平均单果质量不低于8.0克，出仁率达到38.0%，空壳果率不超过3.0%，破损果率不超过0.3%，含水率不高于8.0%，黑斑果率不超过0.3%，易取四分之一仁，粗脂肪含量不低于60.0%，蛋白质含量不低于10.0%。

分级后的核桃要用干燥、结实、清洁和卫生的物品定量包装，并在包装物的显著位置标明批号。在运输过程中，应防止雨淋、污染和剧烈的碰撞。

彩图 1　薄壳核桃

彩图 2　厚壳核桃

彩图 3　核桃营养枝

彩图 4　核桃结果枝

彩图 5　核桃混合芽

彩图 6　核桃雌花序

彩图7 核桃叶芽

彩图8 核桃雄花芽

彩图9 核桃雄花序

彩图10 川早1号坚果

彩图11 川早2号坚果

彩图12 川早3号坚果

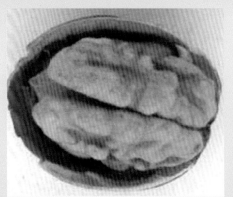

彩图13 蜀玲坚果

彩图14 双早坚果

彩图15 核桃子苗与胚芽

彩图16 种尖向下播种

彩图17 正确播种生长
出的通直胚芽

彩图18 横切胚芽

彩图 19　沿长径切口　　　　　　　　彩图 20　切口深度 3~4 厘米

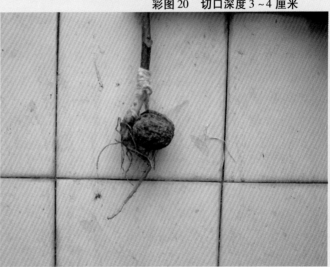

彩图 21　插接穗　　　　　　　　　彩图 22　绑扎

彩图 23　微膜绑扎　　　　　　　彩图 24　核桃雄花芽（正中）

彩图 25　核桃雌花芽

彩图 26　核桃间作

彩图 27　环剥

彩图 28　环剥 2 个月愈合状

彩图 29　介壳虫危害症状

彩图 30　举肢蛾危害症状

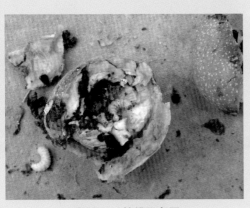

彩图 31　核桃果象甲

彩图 32　核桃炭疽病

彩图 33　细菌性黑腐病（幼果）

彩图 34　近熟果细菌性黑腐病